书籍装帧
创意设计与中国元素应用

孟 研 著

中国原子能出版社

图书在版编目（CIP）数据

书籍装帧创意设计与中国元素应用 / 孟研著 . -- 北
京 : 中国原子能出版社，2022.1
ISBN 978-7-5221-1584-9

Ⅰ . ①书… Ⅱ . ①孟… Ⅲ . ①中华文化－应用－书籍
装帧－设计－研究 Ⅳ . ① TS881

中国版本图书馆 CIP 数据核字（2021）第 190164 号

书籍装帧创意设计与中国元素应用

出版发行	中国原子能出版社（北京市海淀区阜成路 43 号　100048）
策划编辑	杨晓宇
责任印刷	赵　明
装帧设计	王　斌
印　　刷	天津和萱印刷有限公司
经　　销	全国新华书店
开　　本	787mm×1092mm　　　1/16
印　　张	11
字　　数	210 千字
版　　次	2023 年 1 月第 1 版
印　　次	2023 年 1 月第 1 次印刷
标准书号	ISBN 978-7-5221-1584-9　　　　定　价 68.00 元

网　址：http//www.aep.com.cn　　　E-mail: atomep123@126.com
发行电话：010-68452845　　　　版权所有　翻印必究

前　言

从古代的手工书、羊皮书到现代的简装书、精装书等，时代一直在变化，人类的阅读体验也一直在改变。现代书籍设计不仅要满足读者阅读欲望，也要具有保存收藏价值，还要具有美的价值；良好的书籍装帧设计可以使读者在装帧设计精心营造出的阅读氛围中被感染，对书籍产生持续的阅读兴趣，并能从书中感受到人类智慧、社会发展、科学进步等内容。书籍装帧设计艺术水平的高低是国家的文化和科技综合实力的体现。不同的国家具有不同的文化魅力和民族特色。现代书籍装帧创意设计，既能满足人们的需求，又能丰富人们的生活。随着时代和社会的发展，中国书籍装帧创意设计将继续把握住时代的特点，在世界舞台上要更引人注目。

全书共七章。第一章为绪论，主要阐述书籍与装帧、书籍设计的功能目的、书籍的艺术特征、书籍装帧的创意形式和书籍装帧设计的基本原则等内容；第二章为书籍装帧的发展沿革，主要阐述中国书籍装帧的发展历程、西方书籍装帧的发展历程、现代书籍装帧设计的发展方向等内容；第三章为书籍装帧的设计理念，主要阐述书籍设计的整体性、独特性、秩序性、本土性、趣味性和工艺性等内容；第四章为书籍装帧的艺术创意，主要阐述书籍开本的选择与设计、封面创意的基本方法、书脊的艺术魅力及书籍的内部设计等内容；第五章为书籍版式的创意设计，主要阐述版面设计的原则、版面编排的构成要素、文字版式的创意编排、图片版式的创意编排、图文混合版式的创意编排、书籍装帧的平面元素创意等内容；第六章为书籍装帧与印刷工艺，主要阐述印刷的概念与要素、书籍设计的印刷材料、书籍设计的印刷工艺及书籍设计装订工艺等内容；第七章为中国元素在书籍装帧设计中的应用，主要阐述东西交融的设计艺术表现、中国书籍装帧设计的文化内涵、中国元素在书籍装帧设计中的运用及时代发展对书籍装帧设计的影响等内容。

为了确保研究内容的丰富性和多样性，作者在写作过程中参考了大量理论与研究文献，在此向涉及的专家学者们表示衷心的感谢。

最后，限于作者水平，加之时间仓促，本书难免存在一些疏漏，在此，恳请同行专家和读者朋友批评指正！

孟 研

2021 年 1 月

目 录

第一章 绪论

书籍作为一种在人类历史中十分重要的文化知识载体，以其特定的功能记载了数千年历史长河中发展演变的人类文明。如果说书籍内在所记述的知识内容伴随了整个人类文明的演变过程，那么书籍外在的装帧设计变化则是从另一个侧面反映了相应时代的思维方式、审美形式，以及在特定时期社会工业技术的演变过程。因此，对书籍装帧进行研究也具有极其重要的意义。本章分为书籍与装帧、书籍设计的功能目的、书籍设计的艺术特征、书籍装帧的创意形式、书籍装帧设计的基本原则五个部分。主要包括：书籍装帧的概述及其相互作用，书籍设计的信息传播、实用和审美功能，书籍设计的目的，书籍设计中的应用价值，书籍装帧的基本形式和创意形式，书籍装帧设计中要遵循的基本原则等内容。

第一节 书籍与装帧

一、书籍与装帧概述

（一）书籍概述

书籍是人类发展史上的重大发明，是人类思想意识、科学知识、智慧经验的物质载体，记录了各个历史阶段伟大的人类文明。它是人类文明的果实，具有悠久的历史。古代人将自己发明的图文作为表达思想的工具，在各种材料上对其进行记录，如甲骨刻辞、贝叶书、羊皮纸等，这些都成为最早的书。人类知识的传播、思想的延续在很大程度上都离不开"书"这个重要媒介。随着时间的推移，书中记载的知识历久弥新。作为全人类科学技术与文化遗产的结晶、人类思想进步的阶梯、人类教育的工具、推进科学发展的助力、生产发展的武器，书籍所肩负的历史使命至关重要。书籍自出现以来，就在记录社会历史、满足人类精神需要和物质需要方面起着积极的作用。在书籍设计艺术理念中，书的本质是由多张同等大小并且事先印刷好的纸张组合在一起统一装订的媒介，它不受时间与地域划分的限制，是能留存知识、传播信息并叙述信息的，利于人们携带的文化工具。

本书认为，书籍的定义是：人类在其发展过程中用以留存重要文化科学知识的一种重要手段。它不仅保存文化，还使文化得以传承。由此可见，倘若在没有书籍的世界，人类的历史和记忆将无法留存，人类的智慧结晶终将消逝，人类的精神也终将贫瘠。

随着经济高速发展、消费水平不断提高，人们已经意识到审美的重要性，书籍爱好者们不再满足于单纯的内容阅读，而开始延伸到关注书籍的外表和周边设计。书籍设计因此产生。

（二）装帧概述

书籍是平面的视觉载体，它展现的不仅是文本内容和插图，还有它的封皮、装订方式、版式分布等。实际上，最初并没有"装帧"这一词，而是"装订"，那时"装订"一词意指艺术设计和工艺制作。到后期，"装订"才逐渐演变成"书籍装帧"。从词义上看，装帧似乎更加专业，比"装订"所涵盖的内容更多，也更为全面。纵观世界历史，在早期的欧洲，教会可以说是书籍装帧的创始者。教会中的修道士是最早的书籍设计者，他们的手抄经文是书籍装帧的原始形态，并常被反复研究。

最早形成于6世纪的装帧来自寺院的僧侣们。他们为了保护那些抄录于皮纸上的经文手稿，便将手稿夹在两块薄板中间，在板子的一边上缝线，后来又在板子上裹上皮面，封皮的雏形就此出现了。再后来，僧侣们认为封皮过于单调，不能烘托出经文的厚重与神秘，便又为封皮做装饰。此外，当时人们认为圣经和书籍是神圣不可侵犯的，又充满神秘感，理应被完整保护起来，因此加大对书籍的保护与装饰的投入，这便是"书籍装帧"的由来。由此"装订"也便向"装帧"过渡了。

（三）书籍装帧概述

书籍伴随着人类文明的发展而发展，在人们掌握知识、获得能力的同时，书籍的美观也开始逐渐受到人们的重视，并形成了一门独特的艺术——装帧艺术。书籍装帧随着书籍的发展应运而生，书籍装帧艺术的发展则伴随着社会审美与大众需求的发展。具有当代特性的书籍装帧设计在功能上和审美上都能满足读者的需求。

对当代书籍装帧进行研究能够使我们更了解当下读者的需求，从而结合当下社会、科技的发展，设计出更有艺术价值和商业价值的装帧作品。

20 世纪 50 年代，由于社会发展和经济状况的局限性，设计师无法参与书籍的整体设计，书籍装帧一直被认为是封面设计的代名词。20 世纪 80 年代，改革开放的大潮号召传统行业从计划经济逐步向市场经济转变，各行各业响应开放的思潮，民间思想、艺术都活跃了起来。这一时期的图书出版业也有了很大的改变，民营图书馆与新华书店等分庭抗礼，图书出版业对外来文化的吸收也从这一时期起逐步丰富起来。漂洋过海的洋文化冲击着中国传统文化，"装帧"一词也从对岸的日本传来。

进入 21 世纪，随着现代社会的不断进步和相关技术的完善，书籍装帧的概念已经包含了对书籍各部分的设计。书籍装帧又称书籍艺术，是在书籍生产过程中将材料和工艺、思想和艺术、外观和内容、局部和整体等组成和谐、美观的整体的艺术。从解构书籍装帧的过程来讲，书籍装帧包括选择开本、纸张、字体、内文版式、色彩、插图、装帧形式、印刷等。

二、书籍与书籍装帧的相互作用

书籍是人类文明传播的工具，书籍装帧随着书籍的出现而产生。书籍装帧的形式因材料的不同而有所区分，基本可以按照时间顺序从远古、古代、近代再到现代进行归纳。远古时期采用的是大自然中的材料，包括石头、骨头、兽皮等。古代时期有巴比伦的泥版书、古埃及的莎草纸书、欧洲宗教的手抄书、罗马帝国的羊皮纸书等，这一时期我国也有竹简、木牍、帛书等。随着中国造纸术和印刷术的发明，书籍装帧才正式进入到近代时期，东方发明向西方的传播，促进了书籍装帧的发展。西方工业革命以后，以威廉·莫里斯、瓦尔特·格罗皮乌斯为代表的现代书籍装帧设计加速了书籍装帧进入现代时期的发展，带来了历史性的变化。

第二节 书籍设计的功能目的

一、书籍设计的功能

（一）信息传播功能

当代书籍设计的基本功能，可以被归纳为两方面：一是体现书本内容思想、传达信息，二是满足阅读功能。书籍装帧是为书籍的内容服务的，就像现代工业设计提出的产品设计最终为人服务，而不是产品本身。书籍装帧设计的目的是突出书籍的内容、作者的思想，通过对书本内容的理解提炼，将书本的精神内涵融入书籍装帧设计中，设计师应运用合适的方式，选取合适的艺术表现手法，突出书籍主题思想。随着当代社会的发展，人们受到各种社会思潮的影响，大众的审美经验越来越丰富，书籍装帧设计师们可以采用形式广泛的艺术元素和艺术语言来表现自己的作品。不过，归根结底，书籍装帧要满足读者的阅读需求，书籍包装出来是给人阅读观看的，假设它的设计影响了书籍本身的阅读功能，那么这就不是一个合格的书籍装帧设计。

如今的书籍不单单是一般的阅读物消费品，设计精良、材质稀有的书籍还可能成为一种收藏品、艺术品，具有一定的收藏价值和观赏价值。这都是当代设计师们赋予书籍的新的附加值。

（二）实用功能

书籍最实用的功能就是要承载图书内容，能够对阅读者的阅读起到一定的引导作用，而书籍装帧设计也是要实现这些基本功能。不同类别的书籍有不同的设计风格，这样才能使阅读者识别书籍，才能促进书籍的销售。同时书籍设计也能够保护图书不被损害。这些都是书籍设计实用功能的体现。

书籍设计能够帮助读者充分挖掘书籍中所要传达的信息和作者所要表达的思想感情，其与书籍内涵相关的文化元素，也能让读者从视觉方面感受书籍的内容，给读者以启示，引起读者的阅读兴趣。

（三）审美功能

书籍装帧的艺术审美功能有以下几个方面。

（1）书籍装帧既要有商品性又要有审美性，但与其他艺术门类不同，书籍是商品，所以设计师在创作时首先要尊重它的商品特性，要考虑它的商业价值。

（2）书籍装帧是具有整体性、立体性、时间性的设计，它通过图案、色彩、文字带来的视觉感受，材质带来的触觉感受，以及反复翻阅引发的思考，为大众提供全方位、多方面的感官感受。随着阅读页数的增多、次数的加强，读者的体味思考会越来越深刻。

（3）书籍装帧应具有时代特性和民族特色。中华民族有着深厚的文化底蕴，我们可以从本民族的文化精髓中提取传统元素，结合当代设计理念，设计出兼容并蓄的具有广泛传播性的书籍装帧作品，拓展书籍国际受众市场。

（4）书籍装帧设计要考虑书本面向的受众群体。不同年龄、不同职业、不同教育层次的读者对书籍装帧的要求有所不同，设计师要充分调研，考虑到每一部分受众群体的心理需求。

二、书籍设计的目的

（一）翻开

关于书籍设计的目的，不同的学者专家有不同的见解。有的设计师提出书籍设计的目的就是让阅读者感受和欣赏书籍，将书籍中的文本内容通过设计用视觉展示的方式传达给阅读者。

（二）阅读

书籍的最终目的就是阅读，因此书籍内容要容易阅读、便于阅读。阅读者通过书籍设计的视觉效果进行阅读，而作为书籍的设计者，就是要将书籍的内容和版面进行结构化的设计，协调组合书籍设计的各种元素以实现更轻松、更便捷的阅读。

书籍设计要与书籍的内容达到完美结合，同时书籍设计要富有时代性和创造性，给读者以完美的阅读体验和享受。总的来说，书籍要从视觉上吸引阅读者，从精神上满足阅读者的阅读需求，从而激发阅读者阅读兴趣。

（三）装饰

书籍设计的第三个目的是装饰，具体而言是对书籍的形态和材质方面进行装饰，从而统一书籍的内容与形式，传达书籍所包含的精神。这样也实现了书籍设计中实用功能与书籍装饰设计的完美统一，既方便阅读者阅读书籍，也方便阅读者在图书室检索所要找的书籍。

书籍设计不仅仅是为了实现书籍内容的表达，也是为了服务阅读者，从这一点来说书籍设计也具有一定的社会责任。

三、书籍设计中的应用价值

书籍设计的实际应用价值，从本质上决定了书籍设计的实用性，也保证了书籍设计理念的可持续传承发展性。

（一）平衡人、社会文化和环境的关系

一方面，书籍作为人类社会中知识文化的产物，所具备的最高层次的艺术

理念就是以人为本的设计核心。书籍本质是以人的阅读行为作为设计驱动的产物，同时书籍还附带了一定程度的社会属性，反映了所处时代的人文特点、社会文化水平。

另一方面，书籍设计材料来源于自然，最终也要回归于自然，因此书籍与环境之间关系的和谐与否，都是书籍设计需要重点关注的要素。总体而言，书籍设计要在以人为本、自然环境、社会属性之间达到平衡，如此才能保证书籍的应用价值最大限度地发挥与实现。

（二）增强互动体验与情感交流

读者的阅读行为，是一种在动态阅读过程中与书籍进行交流互动的过程。虽然书籍以静态固化的形式存在于读者眼前，但是这并不意味着书籍设计可以忽略与读者的动态互动交流。

读者作为有情感需求的个体，在阅读书籍时既有对书籍中知识文化获取的需求，也有对情感共鸣获取的需求，因此书籍设计必须要考虑到其是否能够给予读者足够的阅读互动体验和情感交流呈现。只有读者和书籍之间形成了真正意义上的交流互动，书籍阅读才能成为可持续、可循环的行为体验。

（三）传递可持续的核心设计理念

在可持续设计观念在全球范围内逐渐深化、完善的大背景下，艺术设计需要及时关注到技术与社会自然的平衡发展，需要重视在新经济环境下社会大众审美需求、文化需求不断提升变革的整体趋势。因此，传递可持续的设计理念应是工艺设计，特别是书籍装帧设计下一步必须重点关注的要素。

第三节　书籍设计的艺术特征

一、特殊的艺术媒介

书籍设计作为一个艺术门类，以书籍为载体来表达书籍内容所要展现的艺术情感，如我们所说的音乐艺术、电影艺术、广告设计艺术、服装设计艺术等，都通过不同的音乐、电影中不同的人物、不同的商品特点等艺术媒介来呈现各自不同的艺术形态。

二、独特的艺术表现

书籍设计不同于其他艺术的独特之处在于其有着材质、印刷和装订工艺等不同的艺术语言，而书籍设计的独特的艺术手段，如对印刷材料的选择、开本的选择与设计、对书籍版式的创意设计等也是其区别于其他艺术的典型特征。

三、多元的审美方式

书籍设计艺术的审美是动态、立体的，且具有时间的延续性与间歇性特征，它需要将读者的视觉、触觉、听觉甚至是嗅觉和味觉都紧密联系起来。这是一种多元的、独特的审美方式。

四、从属性与独立性

一方面，书籍设计的对象必然是书籍，书籍设计是对书籍有目的的设计活动，而书籍也要通过不同方式的书籍设计传达自身的内容，这样看来书籍设计与书籍具有从属性；另一方面，不同的书籍具有不同的内容，不同的作者对书籍内容也有不同的见解，因此书籍设计者要尊重书籍的这种独立的艺术价值，使书籍设计也体现出独立的审美情趣。

书境犹在澄清志，妙语神会境中游。通过书境、心境、意境、语境，书籍艺术工作者在原著文本的天地中寻找精神生命中最理想化、视觉化的境界表达。书籍设计将表现空间的造型语言、表达时间的节奏语言、体验时间的拟态语言融汇在一起，既呈现感性物质的书籍姿态，又融汇内在理性感情的信息传达。书之境是设计者对文本生命价值的拓展和实现原著内涵语境衍生的最高追求，设计书之境即为读者创造真、善、美与景、情、形三位一体的阅读书境。

书籍的形态会散发某种气质，加深人们对阅读的热爱，还能净化心灵，带来愉悦的感受。书籍是一种艺术品，是能够把文化意图传达给读者的载体。内容固然是一本书的灵魂，但当内容与形式完美结合时，书籍便具有了收藏的价值，其艺术品质也得到了体现。

第四节 书籍装帧的创意形式

一、书籍装帧的基本形式

在中国，书籍装帧形式的演变历经了简册、卷轴、旋风、经折、蝴蝶、包背、线装等形式的并存或交替。而书籍作为传承数千年信息的流通工具，在改进材质和形式的过程中自然择优而存。1915 年的新文化运动以及后来的五四运动，对中国的各行各业都产生了广泛的影响，书籍装帧行业也受到了近代铅字印刷和西方文化的冲击，传统的线装书逐渐淡出中国民众的视野。而平装，即简装，则成为近一百年来现代中国书籍的普遍装帧形式。由此可见，平装取代线装已成必然。随着书籍设计者对现代书籍设计的再思考，复古风潮兴起，本土的文化审美意识开始回归，环保理念深入人心，今日之书籍更具文化性、民族性和时代性。

（一） 简册装

"简册"，就是编简成册，也就是将写了字的竹木片或者木板依照文字内容的顺序连接成册，是现代书籍设计中材料运用的新趋势。这种形式是古代中国书籍装帧的主要形式，并一直被沿用至造纸术发明。编简的应用大致出现在殷商时期，主要用于记录日常生活以及编辑文书。

古人将竹简编成册的方法是：在竹木片的上下各打一个孔，用绳线将竹简穿在一起，第一个竹简正面空白不写字，反面都刻上书名，卷起后书名正好朝下，起着保护封面的作用。在空白的竹简之后通常加两根不写字的竹简，名为"赘简"，这根空简与现代书籍的护封作用一样，起着保护册的作用，并在空间上有着过渡作用，使人在读册的时候有一种舒畅的感觉。

（二） 卷轴装

卷轴装的书籍在隋唐时期就一直被沿用，发展到今天，在现代字画装裱中也仍在使用这种装帧形式。卷轴装书一般由内文、镖、轴、签、丝带、骨签等与书盒的配套物组成。其特点是将若干纸张粘连起来，成为一个横幅，用一根细木棒做轴，从左向右卷起来，其中卷的左端卷入轴内，右端在卷外，前面装裱有一段纸或者丝绸，叫作"镖"。镖的质地坚韧，起到保护作用，一般不写字。镖头再系上丝带，用以捆扎书卷。卷是书的木身。卷轴书的材料选择方面也很考究，内文都是以花纸或者布料为主；镖以丝绸或者花纸为主；签主要是象牙、玉石、金、紫檀、珊瑚等；丝带以棉料、丝绸为主。

（三） 经折装

"经折装"应该是最为人们熟悉的唐代书籍装帧方式，它是由佛教经书的装帧方式发展而来的，故又称"梵夹装""折子装"。其制作形式是将所写书页裱贴在一起，以长幅形式一正一反折叠起来，首末两页分别用木或者其他硬质材料装裱，当作前后护封以保护书籍。

经折装是由卷轴装演变而来的，与卷轴装相比，经折装更加方便阅读。早期经折装大都是手写的，后来出现了雕版印刷。直到今天在碑帖、书画等的书籍装帧中还一直沿用经折装的装裱技术与方法。

（四）旋风装

旋风装是由"转轴装"向"册页装"过渡的一种形式，产生于唐代后期。人们抄书时，先一页一页地抄写，再一页一页地粘在一张卷轴式的底纸上，收卷时书叶朝一个方向旋转。旋风装在中国书籍装帧史上有着非常重要的影响。

（五）蝴蝶装

蝴蝶装盛行于我国古代宋朝，是早期册页装的简称。在唐五代时期，雕版印刷术快速发展，为适应当时的印刷需求，蝴蝶装便应运而生。蝴蝶装是将印有文字的每一页纸面朝里对折，再以中缝为准，把所有页码对齐装订，粘贴在另一包背纸上，然后裁齐，装订成书。蝴蝶装虽不用线装却很结实牢固，一直沿用至今，是一种基本装帧形式。

（六）包背装

这是发展于南宋后期的一种装订形式，是将每一页的开本单面印字，然后将其折叠，将有字的一面纸向外，在背面用整张开本大小的硬质纸包裹封面而后合页装订成册。这已经接近于现代的平装书。

（七）线装

线装始于明代中叶。在其装订时，纸页折好后须先用纸捻订书身，上下裁切整齐后再打眼装封面。普通的线装书只有四孔装订，较大的线装书有六孔、八孔装订。线装书的特点是在封面用绫绢包起上下两角，起到保护书籍的作用。

这种书籍装帧形式一直沿用至今并广受推崇。吕胜中的《小红人的故事》就是典型的线装书。

（八）简装

"简装"，是当代非常普遍的一种形式，也被称为"平装"。简装书的内页是双面印刷。简装书有三种形式，即："无线胶订""锁线订"和"骑马订"。

简装书籍主要用于读者阅读学习，不像精装书籍那样多数用于收藏，因此在形式感方面也比精装书籍简单、朴素，简装的书籍装帧结构主要有内页与书籍封面两部分。

（九）精装

"精装"是较为精致的一种制作方法。精装书籍出现于清朝时期。精装书籍材料考究并且成本也较高。相对于简装来说，其装帧形式更加精致，具有不易折损、长久耐用和保存方便等优点。但是，在选材和工艺技术方面，其要求比较高，主要表现为工艺比较复杂、对设计有特别的要求等。总的来说，精装书籍具有印制精美、材料运用丰富多样、便于保存、不易损坏的特点，对设计、选材以及工艺制作要求非常高。

就现今而言，平装本、精装本依旧独领风骚，未来精装本将更加功能化、更加精美化，这是由现代节约意识和收藏意识所主导的。经折装与蝴蝶装也常被使用，一般作为收藏本、书法抄本和图册类书籍出现，但是其能适应的书文内容远远超越我们目前的认识。其他装帧形式在当下虽也有个别被采用，但因时代的更迭，我们更多倾向于优选平装、精装等形式，所以包背、卷轴之类的形式不会唐突地出现在大众的视野，即使出现，也往往是以一种创新的姿态形成某种设计标杆。

二、书籍装帧的创意形式

书籍装帧的具体设计形态日益丰富，新的思维观念、新的设计方式、新的科技材料为当代书籍设计提供了更多可能性。

传统书籍给我们的印象就是方方正正的，而当代书籍则不甘于受到传统形状局限，它们开始尝试用不同的形态造型带给人们视觉审美感受，有圆形、异形，甚至是中空的形状。比如某日本设计师设计的绘本，采用镂空的设计，配以精致的彩绘，营造出书籍独立的空间，将真实的戒指与虚拟的婚礼场景相结合，设计出一本有求婚功能并值得收藏和保留的特色书籍。

中国传统的书籍装帧形式也常常被用于当代设计，设计师辅以当代元素，使古典与现代结合，撞击出不一样的视觉效果。古朴的东方手工线装工艺与鲜艳的色彩、西方的字母相结合，充满时尚感。

书籍装帧艺术最初从视觉出发，读者也从平面视觉上去感受设计师带来的艺术美感。随着现代科研技术的发展，当代书籍装帧艺术设计早已脱离了单一的视觉感受，它已具有视觉、触觉、听觉、嗅觉、味觉五种创意形式。

（一）创意视觉形式

书籍装帧主要通过设计表现图书的气质，而设计的核心是创意。无论书籍设计如何创意，其整体性都是非常重要的，也是不可缺少的。书籍无论是形式内容还是风格气质都离不开视觉的整体性。

当代书籍装帧的视觉表现形式更加新颖。例如，裁剪形式上从平面变立体，这尤其适用于儿童书籍装帧的创作，孩子们非常喜欢这种三维立体的观看方式。

在图形设计中，当代设计师们较常用的是几何类的形状，这种几何图案带有天生的冷静理性，配以合适的组合方式和色彩填涂，可以展现书籍内容的情感特性。符号化的几何图案具有一定的视觉张力和视觉凝聚力，以理性形态展示感性内涵，这种表现方式平和平稳地向读者展示了设计师的创作思维。

比如，中国台湾平面设计师王志弘的书籍装帧作品《美的曙光》，其用简洁的黑黄两色表现日出，用白色和留白进行想象，以精简的线条和图案刻画出微波荡漾的水面，静静等待日照东方，描绘出美好的意境。

当代书籍装帧封面的字体大多都是设计师为书籍量身定做的专有字体。书籍装帧的字体设计主要包括书籍封面标题的字体设计，也包括书籍内页文章字体的选择。设计师有时也会将文字作为特殊的、有意味的图形来运用，比如，中国台湾平面设计师王志弘的书籍装帧作品《心是孤独的猎手》，图形化的字体和分割的用色，使得空旷的页面表现出深刻的独孤感。而对于文章内容的字体来说，应保证统一、好辨认，同一个页面中不能超过三种字体，防止读者阅读时产生视觉不畅。

色彩最能体现、传达人类丰富的情感，当代书籍装帧的色彩运用同样要符合书籍自身内容主题，无论复杂的形式还是简洁的形式都是为传达书籍内涵而服务。比如，中国台湾平面设计师王志弘的书籍装帧作品《恋人絮语》，用两个色块使橘粉色与肉色暧昧重叠，仿佛一对恋人相互依偎，可谓直接点题。设计师选用偏暖的两个色块，既是针对书籍内容，也是针对书籍的主要女性受众，符合女性读者的审美喜好。这样温柔细腻的一本书，相信每一位女性读者都会爱不释手。

（二）创意触觉形式

视觉是读者面对书籍的第一感受，触觉就是读者拿起书籍后的第二感受。最能传达当代书籍触觉体验的就是特种纸的使用和高科技的印刷工艺。技术发展到现在，不同的纸张会引发读者不同的情感体验，纸张不同的表纹肌理被读者触摸到时，会激发读者与书籍本身的交流。例如，硫酸纸呈半透明状，往往被用作环衬，砂砾般的质感透露出文艺气息。再如，丝质的读物手感光滑，让人感到高贵；皮质的读物会带来温暖和历史感；金属材质的读物让人感觉到坚硬，有距离感。

幼儿书籍为了保护儿童手指、给孩子带来安全感，会将布料作为成书材料。总体而言，特殊的材质会刺激读者的触觉，从而影响其对书籍内容的感受，所以书籍的选材要与书籍的整体感觉相一致。

最新的书籍印刷工艺包括覆 UV、模切、起凸、压凹、雕刻等。覆 UV 可以增加书籍局部的光滑度，模切可以制作出镂空形状，起凸、压凹可以增加纸质的空间感和立体感，雕刻则是增加书籍的纹理，所有工艺都是为了加强读者对书籍的触觉感受。不同的印刷工艺应该根据书籍的主题内容合理利用，不能为了增加工艺感而增加工艺程序，而要符合书籍主题的表现。例如，《意大利内普里迪小提琴协奏曲》，在书籍封面呈现出凹凸不平的纹路。凸出的部分全是乐谱，古朴的设计外加厚重的色彩搭配表现出怀旧之情，使读者拿在手中仿佛能触摸到历史。其锯齿状的内页边呈现出纸张制作成型时最初自然的状态，复古感十足，特殊的材质使其不乏时尚度。

日本平面设计大师原研哉曾负责长野冬奥会开幕式节目手册的设计，为了体现冬季松软的雪的特色，他和制作团队联合设计出一种新型的特种纸，这种纸张质地柔软，经过压凹工艺能呈现出一种轻柔的雪压痕的效果。

（三）创意听觉形式

当代书籍装帧带给读者的听觉体验，主要体现在材质的不同和科技的使用上。纸质的书籍在翻阅时会有沙沙的声响，木质的书籍反扣时会有清脆的啪啪声，皮质的书册合盖后会有沉闷的声音。设计师可以根据书籍的内容，选择合适的材质来配合书籍的气质。在如今的一些手绘本中，设计师也可以在书籍中插入乐曲芯片，使书籍被翻动时伴随有乐曲响起，为读者营造更完美的阅读氛围和视听体验。

（四）创意嗅觉形式

书籍含有缕缕墨香，这种"书香气"也使很多人喜欢阅读纸质书籍，这是电子书籍无法比拟的。我们常说的"书香气"，表面上是指书籍本身带有的油墨味，更深层次就是指这本书的精神气节。想要根据不同的书籍主题去体现书籍的味道，我们也可以从书籍装帧的材质入手。纸质的书籍会有淡淡的油墨香，宣纸类的书籍可以做成清新的墨香，木质书籍会散发木头特有的幽香，皮质书籍带有皮革的味道，不同的味道又能唤起读者不同的联想。比如一本介绍樱花种类的书，我们就可以在印刷的油墨中添入樱花味道的香料，让樱花的香味连同书籍中樱花的造型共同带给读者立体的心理感受。一本散发香味的书籍，也会在读者翻开的瞬间提升它的品质感，带给读者美好的嗅觉体验。

在有的书籍的折页设计中，设计师将檀香味的粉末揉在折页纸张上，让其与折页整体设计和内容产生一种通感。古代草纸的质感和古典的图案配上古色古香的气味，更能吸引读者阅读品鉴。

（五）创意味觉形式

有时设计师为了给读者带来五种感官体验，会创造性地运用一些特殊材料代替传统的书籍制作材料，让读者感受到书籍带来的味觉体验。现代设计机构 KOREFE 就制作了一本面食书，每一页有不同的口味来搭配不同的内容情节。

而《沙漠生存手册》则实验性地用一种可以食用的墨水和纸张来制作，它给人带来的热量相当于一个汉堡。在进入沙漠时，读者不仅可以用它来做生存参考，还可以在特殊情况下将其用来果腹。

第五节　书籍装帧设计的基本原则

一、艺术性和功能性的统一

书籍装帧的艺术性通过书籍展示出来。设计师通过书籍装帧特有的艺术手段服务于书籍的内容，而这也正体现出书籍装帧的功能性。因此书籍装帧设计的艺术性和功能性要被完美地统一起来，才能实现书籍装帧的审美功能和实用功能。书籍装帧既要尊重阅读者的阅读体验，还要体现出设计灵魂。

在书籍装帧设计中，要表现出书籍内容的深刻性，也必须要实现艺术性和功能性的双统一。因而设计师要注重书籍设计的文化性和艺术性相统一，这样才能设计出优秀的书籍装帧作品。设计者要充满对艺术的高尚追求，运用丰富的艺术表现手段，从整体上设计出书籍的文化品位，还要注重书籍的艺术感染力。

二、文化性与广告性并存

书籍作为一种商品是需要进行营销的，而书籍作为文化商品又同时具有文化性，因此在书籍装帧设计中，既要体现出书籍装帧设计的文化特征，还要具有商品营销的广告性，这样一方面可以激发阅读者的购买需求，另一方面可以使阅读者从书籍中接收到其所传达的文化信息。

三、局部与整体的平衡

在书籍装帧设计原则中，设计者还要注意的是，书籍整体的设计风格和书籍封面、版心等局部设计的表现形式要平衡。书籍装帧设计的每一个局部设计都要围绕着一个主题内容，根据书籍内容的总体构思和设计服从整体。而且，各个局部之间在整体的限制下要相互协调，如图形图案与文字设计的协调、色彩与造型的协调、表现形式与使用材料的协调等。

以前由于环境所限，书籍装帧设计往往限于书籍封面设计，人们也常常以为书籍装帧设计就是书籍封面设计，其实不然。随着时代的推进，书籍装帧设计不再是简单的封面包装，还要将书籍当中的文字、色彩、图形等整合到装帧整体设计思路中，使最终的成品书籍呈现出艺术表现的整体性。书籍装帧设计的整体化与平面设计中的 CI 设计有异曲同工之妙，也是以书籍内容为中心，将围绕书籍的所有视觉语言统一到共同的艺术表现中去。

吕敬人《中国记忆》的装帧设计就延续着一如既往的中国风，其周身融进诸多的中国元素。吕敬人将水墨晕染、原始象形文字、中国书法配以中国红的书名和古朴典雅的外包装，勾勒出一个东方美学的综合体，体现出中国传统文化和现代文化的完美结合，给阅读者留下了深刻、美好的记忆。

林寿晋编著的《战国细木工榫接合工艺研究》装帧设计简约质朴，所选取的材质也是较为考究的牛皮纸材质，书籍封面细木工榫接合的简笔画简单但不失美感，与此书朴素厚重的艺术风格相得益彰。这本书的装帧设计就很好地体现了书籍装帧艺术设计中的平衡性原则，无论是选材的质地手感还是绘画装饰的简约精良，这些局部的设计美学都与书籍整体的艺术美感到达了非常优秀的平衡美感。

四、材料工艺与生态的平衡

我国传统的书籍装帧工艺就十分注重材料与工艺的相互融合搭配，同时在这之上，还讲究装帧材料和装帧工艺与自然环境的适配协调。正所谓因地制宜，依四时取材，循天地制物，无论是取自自然的书籍原材料，还是根据季节时令不同选择的制造工艺，都需要和自然、天气、季节相互适应。这既是对道法自然思想哲学的继承贯彻，也是对自然万物的尊重。古代传统书籍通常以轻质宣纸做主材，棉麻制线为缝合介质，取材都源自天然，无雕饰制物，造物工艺也以纯手工或者半手工为主。

由中华书局编制出版的《赵孟頫临圣教序》一书，就是传统工艺制书的优秀代表。其充分贯彻了材料工艺与生态的平衡性原则，对于现代的装帧制造工艺来说也有非常重要的借鉴学习意义。

五、时代性与民族性相融

当今书籍装帧体现出来的时代精神是其别于以往书籍装帧形式的最重要特征，只有体现了当下的时代精神才能被称之为当代的书籍装帧艺术。因此，设计师要以人为出发点，将书籍内容与现实生活相联系，找寻书籍内容在当代能够感受到的人文内涵。

书籍装帧的民族特性与时代性是相辅相成的，毕竟书本的内容都来源于作者所处社会环境的生活经验，个人离不开社会，更离不开我们脚下的这片土壤。我们提倡与国际接轨，更不能舍弃我们的民族特性。将民族特性与时代精神相结合，能让其他地域的人对我们设计书籍所传递的内容更加理解与认同。

茅盾《子夜》的书籍装帧设计就借鉴了传统文人的书匣设计，整体的构思中注入了传统与现代的兼容意识，营造出了时代的气氛和分寸感。

六、情感与文化的耐久性

书籍内容所包含的文化和作者要表达的情感要耐久性地表达和传递给阅读者，并从书籍装帧的工艺设计、书籍材料等中体现出来。

耐久性原则在书籍装帧上还有另一种体现，主要在书籍制造工艺的装订环节。书籍装订是从配置书页一直到封装成型的持续工艺流程，其方法也有很多种。比如在国外应用较为广泛的塑料线烫订技术，是通过二次粘订加固书籍书芯的工艺手法，用此工艺手段制作而成的书籍质量可靠，耐久性极佳。

上述两点是书籍耐久性在材质与制造工艺上的体现。下面我们将着重论述书籍在形而上层面的耐久性表达，即书籍文化和情感的持久传递。

（一）情感耐久性的传递

在阅读书籍的过程中，阅读者对于书籍内容的情感体验在一定程度上会受到书籍装帧的影响。良好的书籍装帧会促使阅读者对书籍中所描述的文化知识、情感故事产生共鸣，从而满足阅读者阅读的精神需求。

如我国清代学者沈复所著的自传体散文《浮生六记》一书，就以其对朴素平凡但又不乏乐趣的家庭生活的记述，引起历代读者强烈的情感共鸣，而此书也因其情感耐久性的传递，始终被后世读者所铭记。

（二）文化耐久性的表达

书籍的文化载体属性，决定了书籍本身拥有独特的文化艺术美学，这样的艺术美学对于每个时代的精神文化建设都十分重要。而如果我们想要长久持续地将书籍中含有的文化理念进行表达传播，书籍的内容就必须具备一定的文化高度和文化持久性。只有同时具备两者的书籍和文字，才能在漫长的历史长河中不断发展演变，最终根植于大众文化之中。

风靡全球的《纽约客》杂志，从1925年创办以来，一直保持"让都市人的心灵节奏慢下来，以讽刺、睿智的眼光与现实保持一段距离"的初衷。《纽约客》展现了其在社会大背景下的独善其身，"无论时代如何变化，我自岿然不动"。这种超越时间的平和感深深地吸引着读者，在快速消费的今天具有重要的意义与象征。

第二章 书籍装帧的发展沿革

20 世纪工业革命的发展，促进了世界经济的繁荣，人们的物质与精神需求日益增长。科技革命与信息时代的到来，带来了科学文化的进步，人们不再满足于物质享受，而更加注重精神层面的升华。书籍装帧设计需要不断更新与提高，才能符合时代的需求。本章分为中国书籍装帧的发展历程、西方书籍装帧的发展历程、现代书籍装帧设计的发展方向三个部分。主要包括：中国书籍装帧的起源、发展、成熟及近代发展历程，西方原始书籍形态和德国、意大利等西方书籍设计艺术的发展，现代书籍装帧设计的新变化及发展等内容。

第一节　中国书籍装帧的发展历程

一、概述

中国书籍设计的历史演进就像是一部文字的发展史，从古至今已有两千多年了。随着历史不断向前发展，生产力不断提高，我国的书籍呈现出更为完善且成熟的装帧设计形式，并不断形成自己的风格。

公元前 10 世纪至东汉末年，书籍的材料是木片、竹片，采用木牍、竹简的装帧形式，即简册形式；唐代中期至北宋时期，书籍的材料是纸、缣帛，采用旋风装的装帧形式，即卷轴形式；公元前 949 年左右，书籍的材料是纸，采用经折装的装帧形式，即折叠形式；五代至宋、元代至明、明末清初时期，分别采用了蝴蝶装、背包装、线装的装帧形式，即册页形式；19 世纪末，书籍出现了金属订和胶订的连接方式（此前均为糊裱和线订的连接方式），并采用平装的册页装帧形式；现代，书籍的材料升级为特种纸、板、皮，并以精装的形式琳琅满目地出现在人们的视野之中。近年来，人们更是意识到书籍装帧的艺术含义，其不再局限于外表包装或内容装饰的层面，而拓展到将文化内涵通过书籍的造型展现出来的层面。

二、起源时期

（一）甲骨文

在原始社会，文字产生之前，人们主要依赖语言进行信息传播和知识的积累。新石器时代，在彩陶纹样中出现的记事符号是汉字的原始形态。在距今6000年的西安半坡出土的陶器上，就有着简单的文字符号。而我们在出土的龟壳上也发现了这一记载信息的载体——甲骨文，这种刻在龟甲上的书籍被认为是我国最早的书籍形态。

（二）铭文

随着生产力的提高与发展，在商、周，以及春秋战国时期出现了刻在青铜器上的文字——铭文。铭文又称为"金文"或"钟鼎文"，这种文字以记录重大国事为主。周代还出现了刻在石材上的文字，这种"刻石记事"显然比刻在金属器物上更为方便、广泛，并且能够长期保存。后来到了汉代，石刻更为盛行，种类逐渐繁多，出现了碑文、石鼓文、经板、摩崖石刻等。汉代的画像石、画像砖从艺术角度来看，内容丰富，形态生动，布局黑白分明，极具装饰性，许多内容具有故事情节，类似于后来的连环画。这也成为我国书籍艺术插图的先导。

从书籍起源时期不难看出，这个时期的书籍形式都有一个共同的特点，就是将文字刻在特定的物质载体上，但是其具有局限性，使得书籍传播信息的功能受到了阻碍。

三、发展时期

发展时期主要有竹简、帛书和卷轴装，以及旋风装。前文我们经对书籍装帧的基本形式进行了简要介绍，下面本书将对这几种类型进行进一步阐述。

（一）竹简

竹简起源于西周后期，是在纸被发明以前最具代表性的一种书籍形式。竹简的出现对后世的书籍装帧起着至关重要的作用。所谓竹简，是指将带有孔眼且刻有字的木片或者竹片用绳子连接起来，最后形成的竹简书籍。

由于在当时制作竹简的材料较为便宜且制作简易，所以竹简流行的时间比较长，一直沿用到公元4世纪，而且使用范围非常广泛，涉及诗经、礼仪、辞赋、占卜、医术等各方各面。由于每一根竹简所承载的文字数量有限，造成了整个简册形式笨重，这为读者阅读和拿取造成了很多不便。所以，随着纸的出现，竹简书籍慢慢被纸质的书籍取代了。

（二）帛书

这是将文字书写在丝织品上，然后将丝织品缝边后成卷存放的书籍形式。因为其原材料价值不菲，所以被较少使用，往往专供统治阶级写公文或者作画时使用。

长期以来，竹简和帛书是共同存在的，因为两者不能完全取代对方，所以出现了竹简和帛书这两种书籍形式共存的局面。彼时也因此被叫作"简帛文化"时期。

（三）纸

蔡伦改进了造纸术以后，纸成了书籍装帧的主要材料，依然延续竹简和帛书的装帧形式，所以出现了卷轴装。

伴随着生产力的不断发展，书籍装帧也呈现出技艺不断进步的局面。到了唐代，卷轴装的书籍出现了一些问题。比如人们在读阅的时候，展卷和收卷等都会给阅读带来负担。所以在唐代也出现了旋风装。旋风装和卷轴装在外表上是一致的，区别就在于卷轴装的书稿是一页页地粘在一起的，整个外观感觉像是文字都被书写在了一张长条的纸上，而旋风装的形式是将每一张写好的书稿依次排放，错开贴在同一张卷轴底纸上，打开卷轴就可以逐页查阅，当把书卷合上时也是一个卷轴，因而我们说旋风装是从卷轴装发展而来的。书籍装帧的不断发展的时期也被人们称为卷轴时代。

四、成熟时期

到了隋唐，我国古代社会进入了繁荣大发展时期，生产力空前发展，社会不断进步，文化艺术也得到了广泛的提高，而承载文化艺术的传播主体——书籍，也变得日益丰富和完善起来，这也是我国书籍发展过程中的全盛时代。

为了简化卷轴装的繁杂制作程序，解决不便查找和翻阅等问题，到了唐代末期，出现了折叠装的发展大潮。在这个时期出现的有经折装、蝴蝶装、包背装，以及线装等多样化书籍装帧形式，前文也已作简要介绍。

经折装出现在南北朝时期，具体而言就是把长卷沿着书文版面的间隙，依照一定的行数左右连续折叠，直至做成长方形形状的一叠，而后分别在第一页和最后一页加上一块较硬的纸板或厚一点的纸——这就是常说的护封，也叫封面和书衣。这种装订形式是跟随佛教一并传入中国的，是为配合改造佛经卷轴装的形式而发明的折子装形式，因此称为"经折装"，又称为"梵夹装""梵褶装"等。

经折装标志着中国的书籍装帧形态由卷轴装到册页装形态的完美转变，同时对于我国整个书籍装帧的历史产生了深远的影响。因为经折装有其得天独厚的优越性，不仅工序简便易操作，而且还解决了卷轴装不易查阅等缺点，人们在阅读时可以自由选择，然后翻阅到相关页面。正是因为它的独特性，宋代及之后的佛经道藏也都采用经折装的形式，并且广为流传。当然，经折装也存在自身的缺点，就是其页面相互连接的地方容易出现破损和撕裂。

北宋毕昇发明了活字印刷术，这对书籍的生产方式和装帧形态都产生了极大的影响，先后产生了蝴蝶装、包背装、线装等形式。

中国书籍的形态从古籍简册到卷轴装，再到后来的旋风装和经折装、蝴蝶装、包背装、线装等，一直到现代的书籍演变，都是跟随社会的不断进步而不断发展的，这同时也是其逐渐适应社会需要、完善书籍功能的过程。

五、近代书籍装帧设计发展

（一）民国时期

1. 民国时期书籍装帧的特征、发展状态和阶段

（1）特征

书籍的形制从最初的甲骨文到竹子与木片连接成册、丝织品和牍片广泛使用的简帛，再到汉唐时期的卷轴，直至明清时期才逐步形成了册页形制，书籍的装帧渐渐形成了富有"中国典雅韵味"的线装形式。而到了民国时期，中国书籍装帧技术出现了重大的技术革新。

（2）发展状态

1919年，著名的"五四运动"爆发，这是一场万众瞩目的文化和思想解放的革新运动。这一时期，由于中国社会经济的发展，中国的艺术领域也逐渐活跃，书籍装帧也渐渐地抛弃传统的模式开始过渡到一个新的阶段。西式精装的出现成为书籍装帧的一个伟大的变革。该时期书籍装帧设计进入一个百花齐放、欣欣向荣的大好时期，书籍装帧异彩纷呈。

（3）发展阶段

自抗日战争时期到中华人民共和国成立，受当时社会大环境的影响及国内政治需要和现实条件的限制，此时的书籍装帧摒弃色彩斑斓、形式各异的封面

设计，取而代之的是简约朴素的图案。这也从侧面反映了革命时代的背景和积极斗争的精神，简洁明快的装饰下谱写的是中华民族不屈的精神斗志和全国人民高涨的民族意识。

2. 民国时期书籍设计的视觉效果

（1）民国书籍装帧造型设计

作为一种具有文化意蕴的商品，书籍装帧既要能有效地吸引顾客，实现书籍的商业价值，同时又要能兼顾书籍的内容、特色，从而达到书籍装帧的表里如一，这就要求形式和内容的和谐统一。有些书籍为了单纯吸引读者的目光，单从封面装帧设计大做文章，而忽略了对书籍本质内容的表达，这类书籍虽然在短时间内能够抓住读者的心思，但随着时间的推移，书籍内容的乏味与枯燥便逐渐显现出来，被读者"束之高阁"。这就说明了书籍装帧必须达到表里如一，才能让读者意犹未尽。总而言之，民国书籍比较突出内容与形式的结合，无论是封面的设计还是内容的表达都与当时的背景相吻合，并借助西方技术工艺，结合中国传统设计，把花鸟虫鱼、人文景观等运用到书籍设计中去，使书籍呈现出丰富多彩的面貌。同时，色彩的运用、版面构成的表现形式和表现手法在民国时期都呈现极大的变化。这一时期，书籍的艺术风格多种多样，实现了艺术形式的发展性和思想性的统一，逐渐形成了"洋为中用，中西结合"的装帧艺术风格。

（2）传统书法及美术字体在民国书籍中的运用

大量美术字体和艺术书法在民国书籍中被广泛运用，很多艺术家把书法艺术成功地运用到书籍封面上并使之成为精美的图案。民国时期胡适就曾多次运用这种方法，将书法字体加以装饰，镶嵌在书籍封面，然后摆放在醒目的经营之处，使书籍显得更具吸引力。毛笔字体本就清秀有力，加上精妙的艺术变化，使得文字和书籍相得益彰，富有美感和艺术特色，体现出民国时期书籍装帧的独特性。一些书籍直接让毛笔书法跃然纸上，自然之美显而易见，流露出其节奏和韵律感。还有一些书籍把图案与书法有机地结合于书籍封面，如爱国文学家闻一多先生的《猛虎集》，该书于1931年出版，也是闻一多先生的最后一本诗集，此书封面利用一张虎皮贯穿整体，仅仅在封面的左下角毛笔书写三个字——猛虎集，却非常传神地表达出该书的与众不同。

3. 民国书籍装帧形态演变历程

民国时期书籍装帧的发展大致经历了两个时期。民国成立到1919年五四运动前这段时间，书籍的形态是传统线装形态与西式平装形态并存，而"五四运动"后到中华人民共和国成立期间，是西式平装书引领风骚的时期。

民国初年书籍的装帧仍然沿袭明清以来线装书的传统，到了民国中期西方洋装书籍大量流入，影响了书籍的生产出版，使新型的装帧形式成为主流。

（1）传统装帧的传承

清末民初，国家内忧外患，社会动荡，通俗文学书籍因为既可以满足普通民众的消遣需求，又可以满足维新派、革命者借古讽今、宣传革命新思想的要求，而被社会各阶层接受并繁荣发展起来。这些书籍在生产过程中虽然采用不同于传统雕版印刷的石印、机械印刷技术，但书籍的形态仍然是传统线装书籍的形态——单面印刷、对折装订，文字从右向左竖行排列书写，书籍从左往右打开。为适应此种装帧形式，书页上有栏框，每行文字之间有栏线，这是为了刻板写版方便；书页界栏疏松，一般情况下，每页划分为5~10行，每行容10~30字，文字较大，因为以前油灯或蜡烛的光亮小，夜间读书字小不易看清；版心印有象鼻鱼尾，是为了方便折叠书页对齐；版面天头地脚，大面积留白，且天头大于地脚，不仅反映了古人天大于地的思想，同时是为了便于批注和句读。

之所以采用这种装帧形态，一是因为它符合中国传统的审美和阅读习惯，二是因为它便于书籍的装帧制作。

（2）西式装帧的繁荣

五四运动以后书籍装帧进入一个新的时期。伴随西学东渐，大众对新科学、新文化的需求急剧加大，人们对书籍这一传播知识的载体的热情，更是前所未有的高涨。因此，这一时期书籍的生产空前繁荣，从而带动了书籍装帧的变革。传统书籍的装帧形态已不能适应大规模的书籍生成，西式平装书恰适时而动，占领了书籍生产行业的大半江山。平装书采用机械纸张、双面印刷和西式的装订方法，使书籍的装帧形态在外观、结构都发生巨大的改变。

平装书的封面不再是单一的纯色纸张，也不再只起到保护书页之用，而被赋予了装饰性和设计感。这一时期，书籍封面设计异彩纷呈，但主要还是体现在图形与字体创意上，色彩运用依然简单，不过这并不影响封面整体的沉着朴素美。如民国时期所出版的丛书和文库之类的图书中，常采用汉砖或金石纹样作装饰，再配以书法家题写的书名；在一些教科书的装帧上，常以不同颜色的纸作为封面材料或用单色印刷封面底色，封面的四周用图案作装饰边，书名采用美术字体。随着先进的照相技术和彩色印刷技术的发展，书籍封面上也出现了照片和彩印图案，这就使其更美观、更具视觉冲击力，从书籍的内容到封面的装饰达到了和谐统一。

书籍的开本也决定着书籍的个性，开本的大小可以表达不同的情绪，体现着书籍的性质和内容。书籍开本如同人的身体，高矮胖瘦，形态各异，呈现出不同的精神风貌，风格迥异。不同开本的书籍要选择不同的体态，如小开本小巧精致，便于携带，其内容和形式也要符合外形。设计者要考虑开本大小和内容的需要是否一致。诗歌、传奇、剧本或小说一般采用小开本，经济且秀美；相反，经典著作、理论书籍等要采用较大的开本；而作为礼品或收藏的书籍更需要精装，采用大开本能在视觉上带来高端大气之感，便于收藏。

除此之外，民国时期还涌现出一大批文人墨客，为中国书籍装帧技术的发展留下了珍贵的资料。随着社会的文明发展和进步，民国书籍的发展也是有目共睹的，它记载了该时代的时事政治及社会背景下的人文思潮和对新社会的向往。民国时期书籍封面及装帧的设计由于受艺术等因素的影响，经历了由探索到成熟的发展历程，从技术手法到艺术形式，既借鉴了西方先进的科学理念又继承了中国传统民族的技艺，做到了较为完美的中西合璧。

4. 民国书籍的影响及价值

（1）影响

民国时期书籍的生产制作在中国书籍发展史上起着承前启后的作用，它对中华人民共和国成立后现代书籍的装帧有着深远的影响，

书籍的大量生产对图书馆学的发展也起着决定性的作用。由于民国时期社会动荡，大部分学术家的著作瑰宝没有得到最好的保护，导致大量书籍文稿的流失，也成了很多民国书籍爱好者的遗憾。民国时期是我国图书馆学思想形成和发展的关键时期，这一时期的图书馆具有外来特征和中国传统特征，民国时期图书馆学的思想在自身发展的同时，也推动了中国文化事业的前进，更催生了中国图书馆学专业教育的兴办，同时也促进了中国图书馆学术研究的进步和图书馆事业的繁荣发展。当然，当时社会背景及战争的爆发阻碍了民国时期图书馆学的进一步发展，也给民国时期书籍装帧的发展带来了一定的限制。

（2）价值

民国书籍和民国书法的价值有两个关键因素，即"民国历史"和"名人效应"。譬如民国名家廖仲恺、陈独秀、孙中山等一代领袖的作品及手稿是具有非常高的收藏价值的。这些作品着重记载了那个特殊时期的民生、政治、文化及社会的影响，民国历史虽然已远去，但其对现代生活的影响及指导意义并未消失。

中华人民共和国成立后书籍装帧及演变也深受民国书籍装帧的影响，从中西合璧到艺术鲜明，再到具有自己特色的发展，每一步都浸润着民国时期书籍装帧艺术的指导与引领。

（二）中华人民共和国成立之后

1.1949 年至 20 世纪 60 年代初

1949 年中华人民共和国成立后，万象更新，全社会都以极大的热情投入祖国建设之中。原中央工艺美术学院成立书籍装帧专业，由著名的书籍装帧艺术家邱陵主持，为书籍装帧事业培养了大批书籍设计艺术家。许多大家、名家也踊跃投入书籍艺术的创作中，使书籍艺术设计翻开了全新的一页。

设计师们纷纷投入到了书籍设计艺术的创作之中，大批画家为书籍创作了大量的插图和封面。黄永玉的《阿诗玛》、吴作人的《林海雪原》、杨永青的《五彩路》等书籍插图的整体艺术水准极高，是迄今为止书籍插图艺术的范本。还有一些作品如《一代影星阮玲玉》《红色娘子军》《四世同堂》《马克思画传》《林家铺子》等也成为这一时期的代表。

2.20 世纪 60 年代至 1978 年

20 世纪 60 年代，国家经济困难，社会政治生活渐渐进入寒冬期，书籍出版业转入低潮。这一时期出版物品种单一，设计作品带有明显的政治倾向。其中《论人民民主专政》《艳阳天》《智取威虎山》《大风影》《红岩》等设计作品成为这一时期的代表。

3.1978 年至今

改革开放后，出版业复苏，艺术创作有了较好的艺术环境与文化环境。一批内容扎实的经典作品得以出版，书籍装帧颇有特色。人民美术出版社出版的《毛泽东故居藏书画家赠品展》《故宫博物院藏明清扇面书画集》《中国古代木刻画选集》分别获莱比锡国际图书博物馆和国际艺术书展金、银、铜奖。

20 世纪 80 年代，中国出版工作者协会装帧艺术研究会（后改为装帧艺术工作委员会）及中国美术家协会装帧艺术委员会先后成立。邱陵教授出版的《书籍装帧艺术简史》填补了我国书籍艺术设计史论方面的空白。在 1986 年举办的第三届全国书籍装帧艺术展览会中，一批中青年艺术家脱颖而出，形成了装帧艺术界老、中、青艺术家汇聚一堂的新局面。邱陵、任意、张慈中、张守义、章桂征、陶雪华等设计家，设计了一批优秀的书籍艺术设计作品，如张守义的《烟壶》、邱陵的《红旗飘飘》、章桂征的《祭红》等。还有一些书籍设计作品如《九叶集》《溥仪》《中国历代服饰》也成为这一时期的代表。

进入 20 世纪 90 年代，出版事业蓬勃发展，设计界国际交流合作日益增多，1990 年举办了"中日书籍装帧艺术展"，之后，全国各出版社出版了大量介绍国外优秀书籍设计的专业出版物。这些学术交流和出版活动对中国书籍设计行业观念的推陈出新影响颇深。随着书籍艺术概念不断进步，优秀作品层出不穷，大批艺术家逐渐成长为书籍设计中的中坚力量。每四年一届的全国书籍设计艺术展览的如期举办更为书籍设计的发展提供了良好的契机，其中涌现出大批优秀的书籍设计作品。书籍设计作品出现了新的载体，阅读形态也发生了变化。可以想见，书籍设计新观念将丰富信息的传播。我们不仅是新媒体的参与者，也是当代阅读语境下奇妙无比的传统纸面书籍世界的守护者，更是新书籍阅读形态的创造者。书籍载体的多元化发展，也给现代的书籍设计理念带来了更新。

第二节　西方书籍装帧的发展历程

一、概述

西方书籍装帧的发展，最早可追溯到公元前 4000 年，苏美尔人和腓尼基人在黏土上凿刻文字；公元前 3000 年，埃及的抄写员在沙草纸上以卷轴的形式记载楔形文字并插入图片；公元前 2 世纪，小亚细亚帕加马城的国王发明了羊皮卷，从而有了如今形容纸张的尺寸——羊皮卷的对折尺寸即对开，对开再对折即四开，再对折即八开；12 世纪，宗教书籍盛行，书籍装帧艺术得以发展，书籍封面开始起到保护和装饰作用，材料以皮革为主，金属、黄金、象牙、宝石等材料也被用来装饰书籍封面；13 世纪左右，通过活字印刷术印制出第一本印刷书籍《圣经》；16 至 17 世纪，大开本的书籍尺寸被改为方便携带的小开本；19 世纪前后，英国的威廉•莫里斯领导了英国的工艺美术运动，产生了"书籍之美"的理念；20 世纪是书籍装帧设计的高峰时期，书籍装帧的形式由繁入简，且形式多种多样；20 世纪末是数码读物的萌芽阶段，时至今日，书籍装帧在新媒体艺术的影响下，展现形式更加丰富。

二、西方原始书籍形态

（一）泥板书

大约公元前 3000 年，古巴比伦人和亚述人用削尖的木杆在一些平整或微突起的泥板上刻写文字，而后放在火里烧制成书。每块泥板上均刻有书名和号码，将字板按顺序铺开，就是一部完整的书。但因这种材质的书十分笨重，所以不便于携带。

（二）树叶书

古埃及人采集棕树叶和椰树叶等，将其脱水压平后切成一定的形状，再用线装订成书，有的还在叶边加以装饰或镀金。树叶作为一种天然的纸张，可以集而成册，实现了卷轴装向册页装过渡的书籍装帧形式。

（三）蜡板书

蜡板书是古罗马人发明的，一直沿用到19世纪初。它用木材、象牙或金属等做成小板，在板中心挖出一个长方形的槽，槽内盛放黄色和黑色的蜡，再在板内侧上下两角凿孔，然后用绳将多块板串联起来。最前和最后的两块板上不涂蜡，用来保护内页。这种书籍装帧形式已接近近代精装书的装帧形式，蜡板可以被反复使用，但由于书写的字迹容易因摩擦而变得模糊，且不便于保存和收藏，最终蜡板书被手抄书所替代。

（四）纸草书

纸草书的装帧相当于中国的卷轴装的形式，它是公元前25世纪埃及人的主要书写材料。纸草是生长在尼罗河两岸的一种芦苇，经过切片、叠放、捶打、打磨等工艺可被制作成纸，但由于这种纸质地脆、不能折叠，因此只能粘成几米或几十米的长卷，卷在一根雕花的木棒上，就如中国卷轴装的"轴"，每个纸草卷都贴有标签，以备随时检阅。纸草卷检阅者一手执棒，一手展卷，手一松，纸草卷就会卷起来。纸草卷的携带和保存都很不方便，后来欧洲人由于纸草卷价格昂贵，就用羊皮做成了纸取代了纸草卷。

（五）羊皮书

羊皮书是公元前2世纪小亚细亚帕加马人的杰作，当时，由于埃及禁运纸莎草纸，帕加马人被迫转用羊皮作为书写材料。羊皮的制作工艺复杂，但质轻而薄，坚固耐用，且便于裁切和装订，故传入欧洲后被大量推广，使得欧洲书的形式也逐渐从卷轴变成册页。当时人们将一大张羊皮折叠，裁成4开、8开或16开等，然后装订成册，这样便出现了最早的散页合订书。羊皮还可涂染成各种不同的颜色，常见的有紫色和黄色，书写墨水有金黄色和银色。普通的羊皮书主要在外面包皮，里面贴布，用厚纸板做封面，华贵的则以锦、绢、天鹅绒或软皮做封面，并镶嵌宝石、象牙等。羊皮书与泥板书、纸草卷相比具有更多的优点，故在公元4世纪，取代了泥板书和纸草卷，成为手抄书的标准形式。

三、西方书籍装帧设计发展

中世纪是西方书籍设计的鼎盛时期，在那时，书籍从内到外的装帧艺术可谓登峰造极，主要体现在各种各样的手工书写与绘制的宗教书籍中。当时中国制造纸张的技术还没有传播到欧洲，所以西方人大多选择十分珍贵的羊皮纸（质地精良，便于书写，保存优于纸草纸）来进行书写。然而一个抄写者需要花五个月左右的时间才能完成一本两百页左右的经卷。由于羊皮纸保存不易，僧侣把这些抄录的羊皮纸手稿夹在两个薄板之间，一侧边用线缝上，在薄板上套上薄的皮作为书皮，又加以宝石、金银等精致器物作为装饰。

这时期的寺院聚集着大批的学者、艺人、金银首饰工、刻字家、皮匠和木匠，他们一起进行着抄书、刻经、装饰经书等制书工艺的工作，此时的制书业是仅寺院专有的。这时的书籍艺术制作是作为爱好而存在的，并非现在专门独立的学科。由于繁复的手工制作，加之来自自身的一种虔诚信仰，使得这类书籍在设计的角度上具有很高的艺术价值。书中花的装饰图案与教堂的祭坛相呼应，书中的文字也运用了各种装饰字体，整体页面也十分注重文字和图形的色调对比，这和现今的版式设计已经非常接近了。

欧洲书籍的插图与文字经常是互相穿插在一起，但在色调上又显得层次分明。所以欧洲中世纪时期的书籍是非常贵重的物件，只有一些寺院以及少数贵族统治阶级才能拥有。书籍纸张有了统一大小的尺寸且裁切整齐，再装订在一起，便成了现代书籍样式的基本雏形。

公元 1400 年以后，中国蔡伦发明的造纸术传入欧洲，欧洲各国开始逐步建立起自己的造纸业，各地也开始普遍采用纸张作为印刷原料。15 世纪以后，欧洲人设计出许多精美而适用于印刷的字体。这时的书籍设计在印刷技术发展的基础上有了根本性的改进，诞生了大面积空白的图文编排样式，字体也出现了更加多样化的形式。当时出现的海报、广告等都是这样印刷出来的，开创了现代广告字体的先河。下面，我们将对不同国家的书籍装帧设计发展分别进行介绍。

（一）德国

德国书籍业以及它的书籍艺术可谓百家争鸣，在此列举一些经典的书籍艺术范例。15 世纪中叶，出生于德国美因茨的古腾堡在中国与朝鲜发明的木活字印刷与铜铸活字印刷的基础上改进了印刷技术，合成了一种适用于制造活字的金属合金，还制造出一种能准确无误地倒出活字字模的铸模、一种适用于印刷的油印墨水（将亚麻仁油与灯烟灰混合在一起，取代了原来印刷用的水性墨水，使得印刷出的字迹样式效果很均匀）和铅合金字模活字印刷机，他利用这些发明技术印刷了一本拉丁文书，之后又印刷了闻名遐迩的《二十四行圣经》《三十六行圣经》《四十二行圣经》等书，尤其是他的《二十四行圣经》，又称《古腾堡圣经》，书中内容的工整度及其印刷长度都是手抄本所不能及的，且在内容标注上也有其精到之处，如重点内容采用红色油墨印刷。书页周边和插图的装饰纹样以及颜色都沿用手抄本中的原有样式，总体保持不变，但由于字迹因印刷的缘故而异常工整，故而使得页面上四周的空白与分栏还有插图之间的比例显得更加协调。尽管当时大多书籍还是选择单栏图文的编排模式，但两栏的图文编排丝毫不影响它的版式美感。

随着印刷技术水平不断提高，字体被设计得越来越精细，且字号也在不断地缩小。由于版式风格发生改变，一些书籍中就出现了一定的留白，这与以往珍惜每一寸空间的书籍设计相比有很大不同。

从 15 世纪末开始，德国的印刷技术和版式设计、书籍艺术设计的方法流传到各国，伴随着工艺技术的不断改良、流行艺术思潮的影响，欧洲的平面设计、字体设计，以及书籍艺术步入发展高潮。各个国家在书籍的外观、装帧、内容图文排版等方面都有了自己的风格与特色，然而从总体的视觉上来看，它们依旧保有古腾堡时代书籍基本的样式特征。

（二）意大利

伏尔泰在《风俗论》中提出："人类过去有四个时代，而现在是幸运的第四个时代——人的时代，在这时代中，人发现了自身的理性。"[①] 从这句话中可看出，在文艺复兴的背景下，艺术家、社会结构环境与艺术活动实践者之间对彼此造成的影响。

意大利的印刷工业与平面设计都走在世界的前端，印刷技术对于文艺复兴中社会结构的变动起到了至为关键的作用。以威尼斯和佛罗伦萨为典型代表，从哥特式风格向文艺复兴时期风格的过渡成为他们独特的书籍艺术风格，其书籍装帧设计中经常采用各种样式的花卉图案，以各种藤条、草等植物纹样环绕着文字。这种设计风格的出现，以及它自身设计的精美与繁复，是与意大利人对古典文化再现的狂热追求以及日益增大的书籍需求分不开的。因此，书籍装帧设计在文艺复兴时期获得了一个前所未有的广阔市场，这也是促成意大利独有的书籍设计艺术风格的最基本动力。

---

① （法）伏尔泰 . 风俗论 [M]. 北京：商务印书馆，2017.

随着书籍市场不断扩大，书籍装帧日益成熟，书籍艺术的发展水平也在不断攀升。故在文艺复兴后期，设计家在版面的组织编排方面有了比较大的创新，出现了相当复杂的平面布局。书籍的装帧设计艺术开始以多样的形式出现。

（三）法国

德国的印刷商简·泰斯赫德（Jane tashard）多年来一直致力于古籍手稿的研究，经过多年的观察与探索，他发现许多作品中的版式存在一定的规律，矩形分割之后得的比例都是 1 ∶ 1.618 03，即黄金分割比例值，一个黄金分割的矩形由一个正方形得出，矩形与正方形之间的关系形成了对数螺旋数列。每个正方形相对接下来的图形就成了斐波那契数列，即 1，1，2，3，5，8，13，21……此前意大利的列奥纳多·达·芬奇也依据此数列推出黄金分割，并画出《维特鲁威人》画作，法国的建筑家勒·柯布西耶在此基础上提出了有关黄金分割的新理论，并认定黄金分割是决定建筑、家具、印刷品等艺术品的统一比例工具。

巴黎印刷商乔弗雷·托利（Geoffroy Tory）与其他的设计家们严格遵循这类数学的方法对字体进行设计与修改，在 16 世纪 20 年代时推出了撇号，而后撇号首次出现在 1559 年的英语辞典里，由此就更加明确规定了对字母进行分析和组合的基本原则。他们还开创了一种新颖的内文设计，将每段开头的首字母的字号放大几倍于内文的字号，然后用花草藤等植物的图案纹样围绕这个首字母起到装饰的作用，也使内文显得非常生动有趣，这样一来，书籍设计的魅力自然也增多了几分。

综合以上的描述可以看出，法国在先进印刷技术的基础上又对书本进行符合自然界逻辑的设计（即采用斐波那契数列黄金分割法），遵循自然美学逻辑来进行设计与打造，使之外形形态经典又耐看，这也是书籍设计艺术上的一大进步。

（四）英国

早期的英国无论在印刷术的水平上，还是在书籍形态样式的设计思维上，都远不如意大利和法国，究其原因主要有以下几个方面。

（1）早期的书籍因其装饰华丽成风，故装帧工序繁多，而意大利与法国在这类书籍装帧设计上有较深的造诣，他们有强而有力的分工合作，大致分为两部分，一为装订，二为装饰。装订的工作内容有裁纸切割、缝合书页、装订书籍、包书镶皮等，而装饰是在这些装订工序完成之后对其进行装饰，描绘图案、压印纹样、在书皮上镶以金银宝石等，两部分形成团体合作，更易有源源不断的新的创意产生，技术工序与艺术手工结合在一起，集华美与精细于一身的书籍就诞生了，且产量多、质量高。而英国的装订书籍工艺体系不够完善，从技术到艺术整个过程都由一个人单枪匹马完成，这样一来，不仅耗费的成本高，且量少质低，不利于推进书籍业发展。这是早期英国的书籍业不如意大利和法国的重要原因。

（2）文艺复兴之后，书籍制造业不再是寺院专属。1476 年，英国伦敦第一家印刷所由卡克斯顿创立，它开始批量生产书籍，从印刷、装订到出售有一条完整的生产线。当时盛行的是德国的书籍设计风格，大多书皮封面上多有菱形的原色压印纹样，显得古朴而含蓄。这时也开始出现了"花纹印章"，类似我国的人名印章，不同的花纹图印章意味来自不同装帧师，它是装帧师的标志。比如这时期有一位装帧师叫潘逊，他设计的图章是葡萄藤和其他的草样纹围绕着玫瑰花饰，如果在某一本书封皮上看到这样的纹样，读者就知道这本书的装帧设计出自潘逊之手。

（五）美国

美国的书籍艺术与别国书籍装帧工作有所区别，其总体的工作被一分为二，书籍设计艺术中插画部分和装帧设计这两部分各自分工。由作者根据文案内容的风格和思想来对装帧设计师和插画设计师们进行甄选。

第三节　现代书籍装帧设计的发展方向

一、现代书籍装帧设计的新变化

（一）出现的变化

随着时代的进步，书籍装帧的设计在生产与制作方面达到了一个更高的水平，并具有了新的功能。进入 21 世纪以来，越来越多的科学技术影响了书籍装帧设计，书籍设计的概念开始发生变化。

书籍装帧设计在环境变化的基础上，整体设计水平不断地提高，现代书籍装帧设计中的版式编排、设计风格发生了变化，越来越受到大众阅读者的喜欢。书籍装帧设计更加注重追求文化精神层面的内涵，书籍装帧设计的功能性和艺术性很好地结合在了一起。

（二）现代化的体现

现代书籍装帧设计要能够体现"现代"。书籍装帧设计中，一要直观体现书本内容，二要采用先进科技手段辅助。现代社会科技的发展也为书籍装帧设计带来了新的空间。

现代艺术流派种类繁多，具有多元化的特征，包罗了极简主义、立体主义、表现主义、抽象主义、超现实主义、照相写实主义、波普艺术等，艺术表现形式丰富。设计师可选择的艺术风格较多，并不缺乏艺术风格和表现手法，关键在于选取哪种合适的风格去表现当前的书籍内容，这是需要设计师重点考虑的命题。现代书籍装帧设计必须有它的独到之处。

二、现代书籍装帧设计的媒介分析

书籍装帧设计正逐步向着数字化、电子化的技术展现形式发展。在书籍设计的创新研究中，设计师必须要克服旧设计思维和艺术理念的束缚，努力去接受时代发展所带来的新科技、新技术手段。不管是传统书籍装帧设计还是新兴的书籍装帧设计，在装帧设计创作中，都离不开现代设计理念作为纲领性指导思想。因为无论形式如何变化，设计核心理念都是具有一贯性、相通性的。同时，如果可以将传统纸质媒介的文化魅力，也就是亲和的文化魅力，与新兴数字媒体的多元形式优势结合融汇，书籍装帧设计将具有更大的发展可能性。

（一）传统纸质媒介的文化魅力

作为在书籍装帧设计行业中依然占主流的传统纸质媒介，其以独有的文化底蕴和古典审美意蕴，至今仍旧吸引着许许多多书籍阅读者。由于纸质书籍有其特有的艺术审美风格和意识底蕴以及自然亲和的文化魅力，所以并不会随着时代的变迁、科技进步而消亡，反而会在"返璞归真"的设计风潮中得到社会大众更高的认同和更多的喜爱。

如《传统书籍古典美学》，其采用纸张与皮革等材料演绎出全新的书籍形态。封面不同质感材质的巧妙配合，刻画了传统书籍的深沉与内涵。设计师在纸张上通过油墨印刷中国画与书法，富有质感。材料的考究，使得书籍的传统审美意识浓郁。这些既拉近了与读者的距离，也加深了读者对书籍内容的印象。

再如《平如美棠：我俩的故事》，整体看来，设计者主要采用的色调偏向于以红色为主，采用沉重的黑色书写书名，再配上相对应的白色落款以及简简单单的黄色配图，简单的梅花绘影贯穿书面上下处，充满了吸引性，侧面描绘出作者淡泊平实的特点，书脊处搭配一小块红布，隐隐约约又能看见装订线的

31

立体感，让人眼前一亮，与人产生了情感上的共鸣。

《印谱中国印刷工艺样本专业版》是一本专业的印刷材料与工艺参考书籍，此书籍收录印刷材料，足足有 126 款。书中的印刷工艺也不是单一的工序，该书整合了 30 类左右的技术精华，并逐一显示了上百种工艺的组合形式，可以说出色地展示了传统与现代工艺的完美结合。这本书并没有简简单单地让读者看到独特的外观设计，而是附带深一层次的触觉效果，使读者通过触摸，体会书籍除了传达信息以外的奇妙之处，让纸质书籍留给读者的印象并不只停留在翻阅，还有指尖的触觉、印刷的艺术等，使得读者对纸质书籍的喜爱不亚于便捷的电子书。这种立体效果往往还能意外地使读者沉醉于美好的遐想中，更好地进行阅读。

书籍《不哭》，书如其名，采用的是暗色静版色系，沿用了 20 世纪 80 年代的文化特性，采用了类似皮鞋盒子的材料制作封皮，粗糙的废纸封装，看起来廉价且又不美观，表面更有参差不齐的棱角，触摸时发出的声音有着一种孩童微弱的呻吟感，这样一种奇特的设计反而更能让读者深深体会到这本读物带来的深刻情感。

像以上这些书籍的设计都是借由传统纸质媒介书籍为我们感官带来独特体验，是电子书籍无法比拟的。纸质书籍装帧设计表现材料的选择和应用都对其发展起到至关重要的作用。

（二）新兴数字媒介的多元形式

新兴数字媒介指的是在当今社会的发展中，书籍装帧设计正逐步向着数字化、电子化的技术展现形式发展。在书籍设计的创新研究中，设计师必须要克服旧设计思维和艺术理念的束缚，努力去接受时代发展所带来的新科技、新技术手段。

以电子书为代表的新兴数字书籍形式，正在以极快的速度发展向前，大大提高了阅读的便捷性和效率。新兴数字媒体的最大好处在于极大地丰富了书籍设计行业的可能性，以计算机科学技术、数字技术为技术支撑的新兴媒介，可以在艺术设计表现手法、设计形式展现方式上，极大调动读者更多的感官体验和阅读享受，让阅读变成更具吸引力的价值行为。利用现代电子设备能够播放声音与视频的功能，在观看电子书文字的同时，也可以让电子设备自动读出阅读内容。有些电子书通过将插图变成动画的方式更加生动地展示出了故事的内容。通过语音与动画的方式，这些电子书从视觉与听觉等不同的感官角度，给读者带来全方位的阅读体验。

可以说，数字时代的电子图书与传统印刷装帧的纸质图书仍然是，各有所长，二者独特的外观形态使彼此可以在市场上共同存在。在一静一动的结合中，电子图书给读者留下的更多的是动态不间断的往来信息，而纸质书籍则是静态的启发和内向的传播。二者有差别的形式和表达吸引着风格迥异的各类读者，因此，纸质书籍想要夺人眼球，其自身吸纳的设计理念以及设计采用的装帧材料都是不能含糊而过的。另外，书籍设计中与读者的情感交流和互动也是不可缺少的部分。交互时代给书籍装帧艺术赋予了新的生命力和更高层次的审美价值，书籍装帧艺术在技术、物质和情感上得以发展，推动着书籍美学的发展。书籍的整体设计呈现形式多元化、功能实用化、视觉简单化，并且在交互设计运用及发展上更加注重对文化、艺术的保留与传承，使书籍装帧艺术作为时代的产物同时亦成为典型的文化产品。

三、现代书籍装帧设计的发展

步入现代，随着人们审美意识的不断艺术化，书籍装帧设计也在逐步发展。

（一）书籍阅读与审美相结合

现代书籍装帧艺术集文字、图像、材料、工艺为一体，是阅读与审美相结合的艺术。有别于传统的书籍装帧，现代装帧设计是以一本书（或几册成套的系列书）为对象，对其所进行的美的视觉上的设计。其本质是要求设计师自觉地去设计信息，并尽可能地运用形象思维、视觉的传达方式使这些信息以某种形式引人注目，同时从便于人们接受的形式展示给读者。它已不限于美术印刷设计，还包括工业设计，是工艺、材料和艺术三者的结合。

（二）书籍的整体构成

现代装帧设计强调书籍是一个全方位的整体构成，是外在和内在、内容与形式的珠联璧合，是作者、编辑、设计师、印制者、纸张供应者、书店等共同注入情感的生命体，它的创造是一项系统工程。在进行装帧设计时，设计师根据自己的理解与感受利用一切设计要素，将文字、图像、材料、工艺手段等悉数融入自己所创造的作品中。

现代书籍装帧设计不仅要求书封能够保护书芯、防止破损，还要求其必须清楚地表现书的内涵、作者的风格，具有书卷气。在书店陈列时，还要能够充分展示书的整体效果、刺激读者的购买欲望，发挥其广告作用。

（三）现代书籍装帧设计形式的新发展

从书籍装帧设计本身的设计流程来看，它的内容包括封面设计、开本设计、环衬设计、扉页设计、字体设计、版式设计、序言排版、目录排版、文字编排、插图设计、页码设计，以及纸张选材、制版工艺、印刷工艺、装订工艺和材料选择等。我们在研究现代书籍装帧时，要从设计流程各个方面中新的变化去看它所具备的"现代性"。

中国的书籍装帧设计延续着中国传统文化，以中国读者喜闻乐见的书籍装帧设计形式为主。在很长的一段时间内，由于资金的局限性等原因，人们对书籍装帧的认识还停留在书籍封面设计的表面层次，书籍装帧作品往往设计通俗化。随着经济全球化的发展，加之西方设计思维的涌入、新印刷工艺的革新，中国的书籍装帧设计师们也借鉴了更多丰富多彩的设计形式。此时在图书市场，我们可以看到很多设计精良、审美程度高的书籍装帧作品，书籍装帧设计整体水平有所提高。然而如何适应当代书籍装帧设计的发展，如何在保留本土设计元素的同时融入新科技元素，仍值得当代设计师思考。

第三章　书籍装帧的设计理念

经济社会的不断发展向前，正带领着大众进入一个全新的、富有创意的消费时代，人们对书籍的选择取向也会更趋向于精致、富有设计感和创新性，因此书籍装帧也要打破传统的设计思维，赋予书籍设计全新的设计理念，顺应新时代的消费发展。本章分为书籍设计的整体性、书籍设计的独特性、书籍设计的秩序性、书籍设计的本土性、书籍设计的趣味性、书籍设计的工艺性六个部分。主要包括：书籍设计的整体性、独特性、秩序性、本土性、趣味性和工艺性的设计理念及书籍设计案例等内容。

第一节　书籍设计的整体性

一、书籍设计的整体性理念

在设计构思中，设计师总是在原著信息诱发的基础上，理性地把文字、图像、色彩、素材等要素纳入整体结构加以配置和运用。即使是一个装饰性符号、一个页码或图序号也不能例外。这样，各要素在整体结构中就能焕发出比单体符号更大的表现力，并以此构成视觉形态的连续性，诱导读者以连续流畅的视觉流动性进入阅读状态。

书籍的整体设计大体由外观和书芯两部分组成，就是将有关书的各种因素凝结在一本书中，不仅是对封面、护封、插图进行设计，还要对非具象的内容，如文字、编排版式、质感、肌理、色彩分布等进行设计。按照我国著名装帧艺术家张慈中先生的概括，书籍的整体设计就是制订书籍的整体及局部、材料与工艺、思想与艺术、表面与内部等各个因素的完整方案，使开本、护封、书脊、环衬、扉页、正文、插图乃至印刷、装订等方面的环节成为一个和谐的整体。

二、书籍整体性设计案例

（一）《香港三联出版社青年作家比赛系列图形》

由三联书店出版的《香港三联出版社青年作家比赛系列图形》引进了 10 本在香港三联出版社举办的青年作家比赛中获奖并出版的书籍。这 10 位年轻的作者创作的形式主题完全不同。因为出版方希望能将其以一套系的方式出版，所以出版社设定了风格高度统一的装订形式，并且用完全无字的腰封去包装，希望褪去各种标签，展现现代年轻版本的原创作品。这些设计手法正是书籍设计整体性的全面体现。

（二）《刘洪彪文墨》

刘洪彪的《刘洪彪文墨》一共分为五册，分别为手写体墨稿和印刷体文字，这一套文汇墨集是他一生写作的集合。因此在书籍装帧设计中，设计师将印刷体方块字渲染出渗透效果，竖排书中的墨稿文字，采用线装书装饰，把传统艺术与现代审美有机融合，在设计书籍的标题时，设计师将书籍名称的五个大字拆开，分别放置在每一册书的腰封上，用五种颜色分别醒目夸张地顺序叠排，很好地体现了书籍设计的独特风格。

第二节　书籍设计的独特性

一、书籍装帧设计的独特性理念

书籍设计的独特性即创新，在书籍装帧设计中要有创新、变化和不同的设计，要追求有创造性的设计。不同的书籍装帧要立足书籍本身个性化的特点，采用新颖的设计才能吸引阅读者和购买者的目光。因此设计师要充分发挥创造性，适应时代的发展和读者的不同审美情趣，形成自己独特的设计风格。

书籍装帧设计或是体现在纸张的选用上，或是在印刷的技术的应用中，或是在设计元素的重新排列和运用中。只要可能涉及书籍的各个元素，设计师都应尽自己最大的可能去发挥和创新。

二、书籍设计案例

书籍《BT-Charting the Virtual World》是为了展示 British telecom 在虚拟网络世界中扮演的角色和意义而制作的手册。从色彩缤纷的平滑纸盒里拿出书后，出现在读者眼前的封面是非常低调的设计。白底的布质精装外皮印有公司的 LOGO，书名则被印刷在书背上，以浮雕效果呈现。在这本书的后半部 3/4 内页全部开了圆形的模，就像封面里附了 CD 窗口。这些页面中除了大量的密码和记号，连文字也被当成了符号设计，相当令人玩味，并具有了独特性的创意。

第三节 书籍设计的秩序性

一、书籍设计的秩序性理念

书籍设计的秩序性是指书籍版面设计的各个要素都要相互协调，在能体现出书籍结构美的基础上有秩序地进行编排。书籍设计中那些纷乱无序、杂乱无章的文字、图像等在和谐共生中能产生出超越知识信息的美感。

秩序美是用对称来达到平衡，用重复来对其进行维持。对称是表现平衡的完美形态，体现事物的平衡状态，让人感觉有秩序、庄严肃穆，呈现安静和平之美。

二、书籍设计案例

（一）《活字》

《活字》一书以相关文字设计为研究对象，展现了艺术院校关于文字设计课程的方方面面，其以活字印刷的方形字块为创意点，运用秩序美中的重复方法，这些在隔页、封面、封套上均有体现。全书分为黑、白、灰三本，每本书籍都有不同的内容和风格：（1）"黑＋蓝"本，主要编辑了学生作业，以举例子的方式进行展示；（2）"灰＋橘"本，主要编辑了老师和学生在讨论每一个课题时的情况；（3）"白＋黑"本，收集和展现了大量与课题相关的大师级作品。

三本书图文内容丰富，在材质、色调、排版手法上多有交错，展现了关于"字"的视觉盛宴。

（二）《20 世纪中国平面设计文献集》

该书以 20 世纪中国三个重要的历史时期为时间节点——民国时期、中华人民共和国成立时期、改革开放时期。针对这三个时期，在设计中用图形加以诠释：（1）民国时期用展开的历史画卷来象征，色彩为橘色；（2）中华人民共和国成立初期，以红旗为主要图形，色彩用红色；（3）改革开放时期用推开的门窗作为比喻，色彩为紫色。三个时期图形和色彩的变化恰恰符合了书籍设计中秩序性的体现。

第四节　书籍设计的本土性

一、书籍设计中的本土性理念

近现代设计的艺术潮流以及方向，其实是趋向于传统美学所提倡的以人为本、以自然为根的质朴简单的审美方式。而这样的一种趋势性的导向，本质是由于近现代社会经济的发展，让艺术美学的视角和范畴都不断被拓宽。与此同时大众社会生活的快节奏与较大压力，也要求艺术设计简单化。艺术设计被越来越多地要求去除烦琐冗杂的设计部分，成为更为简单、朴素的艺术设计方式。

书籍装帧设计中要关注本土文化的回归，书籍的形态设计要强调本民族的传统和文化，这就要求设计者充分了解各民族的历史文化、地理环境、民风民俗等，也要了解人们的思维方式和习惯，了解人们的审美观、价值观等体现民族风格的东西，这样创作出的作品才能具有某种启示性，也才能真正意义上具有浓郁的本土文化气息。

二、书籍设计案例

（一）《孙晓云书法绘画》

由荣宝斋出版社出版的《孙晓云书法绘画》为横版大 8 开，运用仿古手工线装，装订形式更具有装饰性。其设计语言简约，无论径尺对联、丈二条幅，还是方寸千言、细书数行，在版面排列上都营造出一种浑然天成的脱俗品质，一如艺术家恬静淡雅、聪慧灵动的作品风格。其工艺精致，手感柔和细腻，处处渗透出中国书籍的典雅意蕴。

（二）《嘉那·道丹松曲帕旺及嘉那嘛呢文化概论》

这是一本表现藏族文化的书籍，用藏族传统雕版的形态表达现代书籍设计的新理念。设计师在护封设计上用藏文雕版原稿和嘉那嘛呢石的体量来表现文脉传承与石刻艺术的关系，还特别设计了藏书票，更加突出了读书、爱书、藏书的书籍本位理念。设计师用象征的手法精心绘画嘉那·道丹松曲帕旺从诞生到圆寂生命历程的八幅插图，在藏汉文对照部分采用传统藏文视觉表达的形式，体现文化传承的意境。

第五节　书籍设计的趣味性

一、读者参与的乐趣

书籍在装帧修饰前其实就已经具有知识文化载体的实际功能，后再加以合适得体的装帧修饰，便更可以烘托出书籍的文化传承韵味以及书籍装帧艺术所带来的审美趣味。这些属于实用范畴的功能性作用，最终都是为了人而服务、而存在的。比如书籍最终的功能走向，就是为了被人所阅读、所欣赏。如果没有读者去阅读书籍、去欣赏感受书籍，那么书籍的存在价值就荡然无存了。因此，任何一件工艺作品，特别是对于书籍这样一种特殊的工艺物品来说，读者的参与和互动是十分重要的。只有读者充分参与到书籍装帧设计艺术的鉴赏和使用反馈中，书籍装帧艺术才能得以日趋完善，得以升华圆满。

例如，布鲁纳的《米菲丛书》采用40开的大小设计，符合儿童的人体工程学，既方便携带和阅读，同时也是一件有趣的玩具，可以让儿童拿在手中把玩。

《CASEBOOK》这本书的造型则十分巧妙。"CASE"一语双关，在这本书里有两个意思，一个是档案，一个是手提箱，这里巧妙地将两者合在了一起，因此这个CASEBOOK更加与众不同。书封运用了影片标志性的手提箱设计，封面有两处设计让大家一看就联想到电影的情节，而书中各种配件与机关可以让读者参与其中。

二、色彩

色彩是书籍装帧设计中必不可少的视觉元素之一，它与构图和其他表现语言相比具有更强的视觉冲击力，更能发挥其艺术魅力。同时它又是美化书籍、表现书籍内容的重要元素。

三、图案

在插画的设计中夸张的人物形象、表情往往都是趣味性表现的主要形式。插画家通过大胆的创新，打破常规的思维方式，让生活中不可能发生的情节在画面上表现出来。在书籍中的插画要根据读者求新、求奇的心理需求去设计，插画家要从读者的角度出发，设计出造型生动、活泼、新颖的书籍插画。

四、解构

这一特性在书籍版式设计中的体现尤为充分，可以说是"自由"版式设计的灵魂特性。解构性的字面意思就是分解、构成，是将众多图文元素打破分离，然后利用一些不和谐的元素组成新的版式，是对原有排版秩序的破坏和颠覆。它是打破传统并建立在其之上的排列方式，带给版面新的视觉效果，这样的效果看起来是高级并充满思考的。在"自由"版式的设计过程中，设计师应当注重并能巧妙应用解构性这一特征。

当然，如今的"自由"版式设计并不是一种情绪化的设计，其来源应追溯到解构主义中，它是修正了解构主义的某些特性后的运用，要面对不同的受众群体。现如今的解构收敛了很多的盲目和激进，加入了思想和理性，使版式设计产生一种随意、简洁的视觉特征和舒适平和的心理体验。建立在解构主义上的作品，通常是将原有的一张或多张图片分解为几个不同的局部，再将分散的多个图片局部，按新的想法和规律重新构成新的图形。重新组合后的作品，通常会给读者带来动荡不定的视觉感受，也会表达出设计者的个性，作品的设计发展方向也是多样化的。设计师通过其精心的解构设计，能使版面产生丰富的视觉效果，向读者表达作品内容以及设计理念。

五、装饰品与附属品

这是伴随着人们用书籍来装饰书架出现的书籍装帧设计的新概念。在有些茶馆、饭店和一些装饰墙面，人们利用空书来装饰房间。外观看起来很豪华的书籍，其实是一个仿照书籍印刷而成的空盒子。这种书籍颇受人们青睐，更有甚者还用这些空盒子储存物品。这类书籍装帧十分重视书籍材料给人们带来的视觉感受和触觉感受，对于书中的内容却不是很关心，这种作为装饰品与附属品的书籍，在书籍装帧设计中要另当别论。

还有的书籍里面配有相当丰富的和书籍内容相关的配件，能够体现书籍外在美和内在美的统一，也能让书籍产生形神兼备的艺术魅力，更加能吸引读者的目光，激发读者的阅读兴趣。书籍中的装饰品不仅仅是书籍的附属品，它们和书籍本身融合在一起，能增加书籍的趣味性，在书籍形态整体结构和秩序之美中表现出非凡的品位和引人入胜的艺术气质。

例如《S. 希修斯之船》，这本书配件相当的丰富，书籍里面有主人公的私人信件，还有相关的学术资料、当时的新闻简报，以及用于海上之行的罗盘、路线图等 23 个小说专属配件，并且使小说页面呈现出仿旧质感，如书页泛黄，有着咖啡渍、霉斑等各种斑点。

第六节　书籍设计的工艺性

一、概述

伴随当代经济社会的发展，新的书籍加工工艺不断出现，书籍装帧的印刷工艺、材质材料都得到了极大的丰富，给设计师们提供了更大的设计空间，也给当代书籍装帧的发展提供更多的可能性。

日本设计师熊泽正人设计的书籍《砂时计》，巧妙地运用了镭射膜的书衣。除了书名外，树的图案和很多细部也被烫了镭射膜，散发着高雅美丽的光辉。书名、封面的图案相同，但作了凹凸处理，且浮雕效果深度不一，越往树的末梢凹得越深，此作品运用的印刷技术把书籍的工艺性体现得淋漓尽致。

由速泰熙设计的书籍《靖江方言词典》运用印刷新工艺，设计者将一张嘴和代表方言的音标凸显在封面上。这一浮雕般的象征符号生动地代表了该工具书所要传递的独特内涵。书名采用一种少见的洪武体，这是靖江开埠设治时的官方文体。该书在切口上别具一格地印上了蓝印花布的纹饰，散发着浓郁的江南乡土气息。

二、印刷工艺

书籍装帧印刷工艺的发展从手抄、雕版印刷发展到木版拓印、活字印刷等方式，装订方式从经折装、包背装、线装发展到平装、精装、函套等形式，古人为我们累积的经验颇为丰富。而现代先进科学技术的发展，促使起凸、压凹、镂空、烫烙、烫电化铝、烫漆片、模切、过塑、覆膜、激光雕刻、UV 等印刷手段的发展，设计师们能够应用的工艺越来越多，丰富的印刷工艺给设计师们的创作提供了更大的空间。

例如，我们可以运用硫酸纸这些特种纸印刷书籍，营造出类似皮影的朦胧感及虚实空间感，使书籍变得更加有层次和趣味。

《马克思手稿影真》在设计时，运用了木板、牛皮、金属、纸张，以及激光雕刻等工艺，多重工艺相结合，展示给读者别样的视觉感受，书皮上细腻的文字雕刻体现了书籍的品质感，粗犷又兼具柔情。

三、制作方式

在科学技术与信息技术快速发展的今天，数字技术的运用越来越普遍，设计师们可以运用数字软件快捷地进行设计工作。同时，人们所能见到的书籍作品更多，传统的技艺已是见多不怪，新技术的展示更能唤起人们新的关注。

比如新的 UV 技术可以提高光的折射度，增加书籍局部亮度，辅料的添加更能生成一些特殊效果。

电化铝烫印通过加热和加压的方法，将文字图案印在局部材料上，也可以提高亮度，增强存在感。

有些特殊用途的书籍，也可以采用新工艺满足它的使用需求。就像盲文书籍，为了防止外界元素干扰造成对书籍的损坏，可以采用特殊材料进行制作，保证特殊人群对于书籍的正常使用。

四、《考工记》中的设计理念

（一）书籍整体设计理念

作为在我国春秋战国时期就已正式成书的手工业工艺技术参考文献，《考工记》不仅对我国的手工业发展具有特殊推动作用，在世界范围的手工艺发展史中也具有重要的借鉴与启发意义。

考工，即对工艺制作、工艺流程的考究探索。在我国漫漫历史长河的发展之中，手工业对于整个社会经济进步、人类文明演变具有举足轻重的作用。在华夏漫长文明的进程之中，以《考工记》中所记载的传统手工艺为代表的工艺技术，及其所投射出的社会价值，是中华文明弥足珍贵的宝贵财产。《考工记》当中所倡导的"材美工巧"工艺制作美学价值观，蕴含了我国古代无比珍贵的工艺制作经验和社会审美准则。"材美工巧"这一具有经典性、普遍性的唯物主义制物原则、工艺观点，早已延绵数千年，根深蒂固地根植于后世中国人艺术设计的文化基准、行动纲要之中。

古语曾言，手工者，世间之正直者也。"材美工巧"的设计思路即使放到现今的时代大背景下，依然有其适用有效之处。而手工艺作为人类所掌握的最为古老的工艺技能，在各行各业中都产生着深远影响，自然也影响着书籍装帧设计行业。手工艺为书籍装帧行业所赋予的自然和谐、材质为先、以人为本的制物理念，至今仍旧深刻影响着书籍装帧行业从业者的设计理念。正如伟大隽永的思想之光永远不会因为时代变迁而黯淡一样，伟大精深的艺术设计观念也不会因为岁月流逝而失去它的耀眼光芒。

依循天时、严守地气、追求材美、树立工巧的工艺观念，包含着我国历史上十分宝贵的工艺加工经验和艺术审美法则，它是手工加工技术不断挖掘探索的成果，同时也是现代工艺文明与艺术文明健康持续发展的可靠保障。

（二）工艺设计理念

在著名语言文字类古籍《说文解字》中，曾明确提到所谓"工"是一种可以巧妙地利用技术工程将手工制作项目妥帖完成的能力。只有借助这种能力，工匠才可以凭借自身高超技艺成功制造出心仪的物品。这段话其实说明，"工"的本质不在于力量的大小、经验的多少，而在于运用技艺的智慧灵巧。《考工记》也提到"能为百工者乃巧者"。这里的"巧者"就是指具有工巧能力的优秀手工设计者，同时巧者也可以将不同的材料巧妙融会贯通，并且制造出具有高度一体感的器物。"工巧"的设计原则本质是一种针对设计者创作水准和艺术水平认同的褒奖。"工巧"的成功实现在一定程度上与材美的物质基础脱离不开，与此同时，手工设计者还要注重协调好器物与自然的关系，用古语来说，就是顺应天时地利，并始终坚持以人为本的核心设计理念。其具体的外化显现在于：工巧一定要尊重自然，工巧的设计必须要遵照大自然的发展步调、变化规律，只有这样才可以真正地实现事成工达。例如，古人在制造弓箭时，就提倡一定要按照不同材料的生长周期和生长规律来取材，所谓春取箭之弓角，夏取箭之筋落，冬取箭之骨干，秋则合众为一。这样依循四季时节气候的不同来获取不同部位的原材料，并在最适宜组装弓箭的秋季组合各个部位为一体，最终能达到一种材美工巧的境界。

如前所述，工巧的前提是必须要清晰认识到材料本身的质感之美，同时在制作流程中努力做到合理地选择材料和运用材料。比如，古时赵国人造车，用材细致讲究，车身应该用笔直坚硬之材质，轮毂应该用弯曲可靠之器材。同时还强调制造时要根据木材前身树木的背阴面和向阳面，以期间产生的不同纹理特质，制作不同需求的车轮毂，这样制作出来的车辆才可以经久耐用、实用牢靠。从中我们可以发现，早在古时，手艺高超、技术卓越的先人们就已经能够非常科学地运用材料，充分贯彻工巧的制造方式。

在工艺设计当中，仅仅拥有优良的材料仍是不够的，正所谓良材巧做，才能实现器物的工艺美感呈现。而这一点更是在书籍装帧设计之中展现得淋漓尽致。书籍装帧设计艺术的发展历史，从本质上来说，其实就是一部书籍装帧所用材料和装帧工艺发展的历史。书籍装帧的本质是以器物材料为物质基础，以装帧工艺手段为连接手段，系统组合完成的。因此书籍装帧的设计形式，本质是取决于书籍的制作材料和制造工艺方法的。这一点与《考工记》所倡导的材美工巧原则是一脉相承的。

工艺发展历史告诉我们，不管是多好的书籍内化内容或者外化设计形式，最终都是要通过装帧材料和装帧工艺才能最终形成具有物质形态的书籍。比如说较为独特的书籍种类——画册，其整体的形态就是由优良的特质纸张材料加以高超的后期印制工艺完成的。印制工艺，也即本章节所讨论的"工巧"，在此类书籍的装帧设计之中，具有决定性的作用。工艺制造者先选择最为适合的制造原材料，比如丝织品、皮制物、特制纸张等，再辅以相应的加工技艺，也即发挥工巧的作用，将书籍附带的色彩纹理完美呈现于书籍阅读者眼前。

1. 制器尚象

宋代文学家郑樵曾在其著作《通志》中提出"制器尚象"之学说。郑樵的学术观点强调世人制物造物，一方面是出于实用主义的功能需求；而另一方面，精神审美层面，造物为"有所取象"，也就是人们可以在所造之物之中投射入自己思想情感、艺术审美。著名古籍《易经》中曾道"形而上者谓之道，形而下者谓之器"，意思是形态之上是我们所谓的道法，形态之下是我们所使用的器物。我们所探讨的就是融合道法与器物之魂的书籍，书籍本质上实现了器物即道法，道法即器物的融合境界。

书籍装帧从古时发展至今，已经逐渐变成富含文化教养意味的艺术象征。文化的传播往往离不开文化载体的发展和进步，书籍就是在人类文化生活中不可或缺的器物载体，肩负了思想与文化传播的文化使命。于是书籍的装帧设计工艺也通常会被提高到一种制物的道法看待。例如，用风格化、模糊化的抽象的画进行装帧设计，这种独特创造的艺术形式给以人视觉上和心理上无限想象的空间，从书籍封面上给人精神上的满足感。

制物思想一度也曾注重对外化事物的期盼和搜寻，而随着历史文化的变迁发展，制物理念逐渐偏向于一种对内心的注视和反省。古代道法的自然调和观念和理学思想也逐渐变成制物理念的主流意识形态。它控制人类自身对于外在世界、外在表现的欲望追求，倡导向内、向心，指引人类个体去探求内心的世界深度，从而逐渐把人类的审美感受提炼精简到纯净简洁的境界。制物思想倡导追寻的不是一种外化事物的博大精深，也不是一种豪情的洋溢，更不是艺术境界上的变化澎湃，而更接近于一种人类内心情境淡然参悟的境界，是一种对细微情绪的审查关注，是一种对宇宙万物细致品味的领悟。

制物设计最终都要落实到具体形态的展现，所以设计者一定要熟悉材料的特质，精通材料的挑选、加工流程，以及各类工艺方式。伴随着工艺制造业整体的发展进步，尤其是高科技的发展变迁，制物技术也逐渐发生着变革。制物手法可以从外在变化层次给不同艺术表现形式提供一种全新的可能性，而评价衡量制物工艺的艺术表现力，往往要看技术水平的娴熟与否。既要有好的材质作为基础，同时也要有好的加工技能，正所谓就材评判、因材制物，制物工艺必须要配合材料的自然特质才可令其两者相得益彰、巧妙交融。

现代书籍装帧制物工艺，主推各种先进的特种加工工艺流程，比如烫金、压制印刷、香味印制、电解印刷等等。这些种类繁多的现代工艺手法，都要求设计师要很好地解决加工工艺与制物原材料的隔阂与不适应，如压制模印、多色交印中纸张和其他材质的互相配合问题。只有很好地解决了这些问题，设计师才能够充分使用和凸显材质本身的特质，通过工艺系统加工流程，将工艺设计想法转化为实体物件展现。制物尚象，推崇的就是将设计者的设计理念、待物态度投射至所造器物之上。

制物工艺需要设计师在硬性的技术要求之下，去实现更多艺术设计理念的升华。硬性的技术要求是指设计师在制物时，必须要充分了解每一种材料和加工工具的性能特点，以及器物每一个部件的功能效用。只有这样才可以成功地设计制造出合格的器物作品，假以时日才能将更多的精神层面设计理念投射到制成的器物作品之上。

2. 制器尚用

"制物尚用"这一制物理念，所倡导的是一种落实于实用主义的制物观念。也就是说，制造器物一定要从它的实用角度出发，从材料的选择，到加工流程的匹配都要注重是否符合器物的功能特点。毋庸置疑的是，工艺制品当中，有许多不具备实用功能的纯艺术作品，严格来说，这一类艺术品类虽然不属于制物尚用的理念范畴，但是艺术品本身也含有欣赏、陶冶情操的审美功能。

器物的外在设计，最终还是要找寻到具有审美意味、属于功能范畴的设计形态，设计者需要把器物的功能性放在首位进行设计，同时辅助考虑器物的材料选择、加工工艺，以及表现形式等因素，同时还需考虑到器物本身构造的空间合理性、构造安全性等等。所以说器物的功能结构设计的是器物加工中十分重要的流程环节。这一设计环节不但需要体现出器物外在的作用功能和美观程度，同时还必须要展现出器物设计表现形式的现代工艺美学与材料本体的艺术底蕴。例如，在书籍中采用立体结构设计，不仅具有美观感还具有现代工艺的艺术与技术底蕴，在丰富读者视觉感受的基础上，同时加强了其触觉上的体验。

如今制造工艺的设计方式已经更加趋于在实用主义的基础上，强调优质巧妙的外在形态设计和表现形式，让器物的原材料本身可以升华至工艺美感。从内在到外化的质感美，从外在到内化的形式美，都更加体现器物设计的美学风格。所以我们看到许多器物装帧的工艺设计，都逐步从传统的简易粗糙设计风格，逐步变为以竹木、织造为材料的轻便、淡雅风格。

装帧设计的审美志趣变化，更为明显地显示出了顺应自然的设计理念，也体现了巧工制造的美感，显示了由外到内、从内至外的艺术思想变化。因此，设计不仅要重视工艺外在设计形式之美，更要凸显展示出材料当中自有韵律的内在品质，更加注重材质和工艺的含蓄之美。实际上，中国传统的"材美工巧"造物原则，不仅仅是中华民族本身具有的、固定的前进基石，更是影响着整个现代工艺制造行业从注重外在美观转变为重视内在美学的艺术工艺观念。借助工艺设计之美，设计师赋予了新时期更多自然美好的艺术体验。

《考工记》当中记载的制物理论和美学设计思想，是在制物尚用的实用主义造物思想之上的提升萃取，也展现了工艺思想形态的新变化，其依然对现代设计艺术进步有着十分深刻的影响。其中，针对器物制造技术的相关记载也提到重视器物功能、以人为核心的人文关怀理念、人与自然和谐相处等设计思想。工艺设计思想在漫长的发展过程之中，许多全新特别的设计思想不断涌现，其中也表达出工艺设计本身最为关键的并不是器物本身，工艺设计必须要遵从客观、实用、自然多个原则的观点，这一点对设计的发展也有着重要的现实意义。如果可以有效地将《考工记》当中的工艺设计美学与现代艺术哲学相联系，并且从中深入挖掘出现代启蒙设计理论体系与艺术设计发展的精神，就可以对现今时代的设计实践起到良好有效的指导作用。

3. 制器尚美

"材美工巧"不仅仅是我国古代设计师们对特定工艺设计材料特性与艺术特质的认知，同时也是一项传统工艺加工手段必须遵循的原则，同时这样一种艺术设计理念早已演化为度量我国传统艺术工艺范畴的美学标杆、艺术尺度，这一理念早已深刻地融合进我国工艺造物的美学规则和艺术审美标准之中。从近现代书籍装帧艺术设计的个性特点中我们可以发觉，工艺艺术书籍充分地挖掘并发挥了制物原材料的物质特点，同时也成功地向我们充分展示了现代制造工艺的博大精深。如前所述，工艺都是源自自然所给予的物质材料，如果没有良好物质材料的支撑，就没有技术工艺的概念存在。从一些客观的技术范畴来看，现当代工艺设计思想深深地受到了"材美工巧"艺术理念的影响。

实际上，《考工记》所提及的"材美工巧"制物理念不仅一直贯穿于我国传统的制物工艺设计活动之中，也是我国工艺制造设计永恒不变的主题。按照狭义范畴的意义来理解，"材美工巧"说的是一方面制造材料要精美，另一方面制造工艺也要足够的精巧。说明造物材料的原本之美需要与造物工艺巧妙地相融合，两者必须和谐共生。这也就是我们经常提到的设计观念：制物材料是造物工艺的原始物质提供者，而造物工艺则是制物原材料的美感来源。

例如，在书籍设计中，设计师可以采用自然中的花草为材料，以艺术形式表现封面，使其具有工艺设计美学之感。"材美工巧"不单单指的是原材料的精美与制造工艺灵巧的互相合作融合，更包含了许多制物造物的协调自然的本质哲思，也就是我们传统价值观中所倡导注重的度量适宜、设计适度、材料适合的设计原则，这种原理注重材质真实、设计善美的相互统一，同时有效构成一种中国传统理论范畴的天人合一、人尽其力、物尽其用的工艺设计美学。

我国古代著名诗人李渔，在其作品《闲情偶寄》中写道："可为巧工者，乃是可俱有所用者矣。"与这句古文相对应的是，伴随着人类文明的不断演进，"材美工巧"的制造工艺原则也在不断演化改变。近现代的科学生产科技以及人工研制的技术材料的持续发展演进，必然可以有效拓宽"材美工巧"设计理念的艺术审美范式和工艺制物水准。但是在另一方面，该设计理念中所深刻蕴含的我国传统制物工艺哲学和艺术设计理念将会一直葆有旺盛的艺术生命力。

书籍装帧艺术一直以来都是书籍工艺制造的重要环节，同时也是历史上手工艺技术发展的重要指标。虽然我国大部分的书籍装帧工艺设计历来都是在一种"材美工巧"的制物观念下发展继承的，肩负着书籍作为文化知识传播载体的特定功能，同时还传递着我国造物艺术设计的工艺文化以及制物理念的特质。但从本质上看，我国的工艺设计审美观念意识当中，并没有完全透彻感悟到"材美工巧"之技术内涵，加之想要保持与时代共进的前进步伐，导致我国书籍装帧设计风格常常陷入一种快捷、粗糙廉价、古旧的工艺审美观念。

但我们也要从客观角度看到，在最近几十年的工艺设计发展进程中，书籍装帧设计样式早已经伴随着时代的不断变迁而产生审美、技术的变化。不管是在制物原材料的制造工艺和传统艺术设计中，还是在工艺实用功用方面，都展现出一种以实用为主导、以美观为气韵的全新形式，这其中也深刻地包含了"材美工巧"的制物理念思想。所以我们要依据"材美工巧"的工艺理论视野，来追寻探究这一传统艺术哲思对近现代书籍装帧工艺设计的美学影响，探究书籍装帧设计手段。与此同时，利用该艺术理念不断拓宽现当代书籍装帧工艺设计的再次指引性思考，丰富完善"材美工巧"当中古法今用的意识认知以及"材美工巧"在现代工艺设计之中的运用方式。

第四章　书籍装帧的艺术创意

书籍装帧设计的艺术创意能为读者带来更多的阅读乐趣。书籍不仅具有阅读功能，同时可以通过艺术创意设计让自身的使用功能更为广泛，表现形式更加丰富。书籍装帧艺术创意可以体现在书籍的开本、封面、书脊和内部设计等方面。本章分为书籍开本的选择与设计、封面创意的基本方法、书脊的艺术魅力、书籍的内部设计四个部分。主要包括：书籍开本的选择与设计方法，书籍装帧中封面、书脊的艺术创意设计及书籍正文、扉页和目录的设计等内容。

第一节　书籍开本的选择与设计

一、书籍开本的选择

开本是出版物内容载体的外观尺寸，是出版物外观的重要元素，属于视觉接受的第一印象。不同的国家开本并不相同，而不同的开本对应着不同的用途。近些年来随着全球化及多元化的发展，人们在实践过程中不断尝试及创新，书籍的开本趋于花哨，丰富了出版物的式样，外观上让阅读视觉愉悦感增强。

我国对于开本是以几何级数来命名的，如图 4-1-1 所示。

现在我们常用的纸张大小有以下几种。

（1）787×1092 毫米。这是我国当前文化用纸的主要尺寸。其中，大型开本（12 开以上）用于著作或期刊；中型开本（16 开、32 开）用于以文字为主的书籍；小型开本（40 开以下）用于各种工具书、手册等。

（2）850×1168 毫米。这种尺寸的纸张可以满足大开本书籍的印刷需要。

（3）880×1230 毫米。这是国际上通用的一种纸张规格，比前两种纸张的尺寸要大。这种尺寸纸张印刷美观大方，纸张利用率极高。

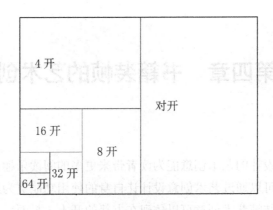

第四章 书籍装帧的之术创意

图 4-1-1　书籍开本图

二、书籍开本的设计

对于装帧设计过的书籍，人们会在见到书籍的第一眼时对其产生柔美、粗犷等印象，从而选择自己喜欢的开本进行阅读和购买。这种能带给人们心理影响和直观感受的书籍的尺量与度量的开本设计，会直接影响书籍的畅销与否，影响其收藏价值等。

在书籍开本的设计中，给人产生崇高感觉的开本往往是竖长型的，而设计平宽型的书籍往往带给人们开阔的视觉体验。但这种外化了的观感在某种意义上讲只是暂时的，对于一个真正的阅读者而言，书籍内容上的价值比较外在形制更重要。

（一）根据书籍内容设计

根据书籍内容的不同，我们可以设计不同尺寸的开本，如表 4-1-1 所示。

表 4-1-1　书籍开本的设计

开本尺寸	适用书籍	原因
16 开	小说、经济类、学术类、杂志类、摄影类	
32 开 正度	理论性、文学类	体现书籍庄重、理性的特征
狭长的小开本	诗集	诗歌短小的特点
12 开 16 开	儿童类绘本	满足儿童的好奇心理； 适应不同年龄段的儿童阅读； 方便人们查阅和收藏

续表

开本尺寸	适用书籍	原因
较大的开本	科技类	充分包括各种信息
正方形	画册	能够显示出画册的收藏价值
16 开或 8 开		

（二）根据纸张利用程度设计

书籍装帧设计中对于开本的设计，除了根据书籍内容设计之外，还要根据纸张的利用情况具体设计。

1. 正规开本

这种开本是将全开纸张裁切成幅面相等的纸张，这样在印刷书籍内容的过程中就会物尽其用，充分利用纸张，不会造成对纸张的浪费。这也是在现代书籍设计中主张可持续发展战略中的重要一环。

2. 畸形开本

相对于正规开本，这种开本在裁切的时候不能被全开尽，造成开本的尺寸不一，在印刷过程中就不能完全利用纸张，会造成对纸张利用的浪费，间接增加了书籍装帧设计中的成本。

在开本选择和设计中，设计师要根据不同纸张的规格裁切成尽可能有利用价值的形状。在印刷过程中受不同的印刷工艺和印刷设备影响，所印刷出来的书籍也会出现或多或少的尺寸误差。

第二节　封面创意的基本方法

一、封面创意设计的学术化

1978 年之前，在中国书籍的设计界，书籍装帧几乎等同于封面设计，在改革开放的浪潮下，中国的书籍装帧设计也不断吸取外国最新的设计理念，设计风格也日益多元化，并逐步走出局限于封面设计的窘境。

20 世纪初期，西方机械铅印技术改造淘汰了我国传统的雕版印刷和线装本，大量有识之士开始探索具有中国风格的西式开本、西式封面的书籍。但当初设计师为郭沫若《瓶》所做封面着实让人咋舌，文化自卑影响下的封面设计似乎只能简单地将与文中内容毫无关系的西方女郎印在纸上，这种错误的模仿仍然给现在的新中式封面设计以警示。

不过，总体而言，中国书籍封面的设计从钱君陶、鲁迅、陶元庆、丰子恺等大师开始就立足于将鲜活的东方神韵之美与西方的技术方法结合，从而创造出引以为傲的新中式书籍。钱君陶的《两条血痕》《秋蝉》，鲁迅先生的《奔流》，陶元庆所做《彷徨》等的封面设计都是新中式的初次尝试。在今天看来，我们可以真切感受到老一辈艺术家努力创造最淳朴新中式书籍封面的情感。

21世纪的今天，封面设计更加学术化，形色质构无不体现。优秀封面设计让人眼花缭乱。文学类作品最能体现新中式的节奏，大量的留白、简图设计、纯手写的回归、小漫画等都颇受广大中国读者的喜爱。

二、注重版式形式美的创意设计

对于书籍封面的装帧设计，我们还要注重形式美，有如下几种方法。（1）要充分利用现代信息社会中先进的科学技术和新颖设计的方式，让书籍封面的塑造形式具有审美情趣。（2）书籍封面的设计要能够充分地展现书籍主题，能为读者带来视觉冲击力，带来不一样的感受。（3）要合理设计书籍封面中的每个元素，在达到封面形式美的基础上，展现出书籍内容的流行元素。（4）书籍封面的形式美，还要遵循点、线、面相结合的构成原则，设计师要合理设计各个元素之间的差别，吸引读者的注意力。

三、突出书籍主题

每本书籍都有其要表达的主题，都是人们进行文化消费的对象，不同的书籍反映出不同的文化信息，书籍内容是对文化的传承。因此在书籍封面设计中，每个设计元素都要体现设计思想，设计师用这些封面视觉元素作为对书籍内容和书籍主题的支撑。

为了达到封面设计突出主题的目的，封面上图文编排要有主次、错落有致；不同的书籍根据阅读者的不同进行设计，增添一些有趣味性、审美意识的元素；在印刷工艺上也要融入创意思维、现代化的理念，使得书籍封面设计立体化和综合化，形成书籍封面设计的新语境。

四、适当地留出空白

留出空白是一个很重要的表现形式，同样它也是整洁、美观、留有思考余地的表达方式。在书籍封面设计中，文字、图片是必不可少的组成元素，然而，尽管充斥着各种标题、文字、图片的版式设计可以醒目地传达出书籍的内容，但其同时也失去了设计本身的意义和趣味性，显得略为杂乱呆滞。而留有适当的空白反而能让图片和文字更加引人注目，通过一虚一实，传达美感并留给读者更多的想象和思考空间。

《剪纸的故事》一书演绎了一位剪纸艺术家的作品，书籍设计者把握剪纸的特征，了解民间的故事，立足现代新剪纸的概念，把部分剪纸分解重构，有意味地游走散落于纸本之中，模拟了由外向内的剪纸方式。其在书籍封面中布置了不少的"留白"空间，版面的白与剪纸的红交相辉映，似乎在向读者诉说着神秘的剪纸故事，这也同本书的主题相呼应。此外，整本书采用了6色印刷，每一张剪纸都被赋予了不同的颜色，此书的"留白"色彩表现便相对自由，没有绝对的约束性，设计师通过对独特的书籍风格进行感知从而选择并表现不同色彩。

《红楼玉语》一书获2016年"中国最美的书"，书中完美刻画了《红楼梦》中60件籽料玉雕作品。书籍的封面设计犹如温润细腻的玉石一般，质朴、简单，淡淡的影调透露出玉石的洁白无瑕。版面中预设了大量留白的空间，给读者留下了对玉石雕刻艺术无限的遐想空间。在这本书中，玉石似乎马上就要从纸面中摆脱出来，立体地呈现在读者面前。

五、有效地编排色彩、文字和插图

色彩在书籍封面设计中十分重要，设计师结合一本书的内容，确定适合它的色彩进行表现，能准确传达出书籍所要表达的情感。封面文字的作用也是不可忽视的，文字能更直接地表达书籍的内容主题，使读者有更直观的感受。另外，在书籍封面设计中设计师还要注重对插图的选取，选择合理恰当的插图，利用插图对书籍主题进行形象化的表达，使书籍封面更加生动、活泼，增加书籍的亮点，促进书籍的销售。

（一）光源在书籍封面设计中的应用

将不同的媒体融合于书籍，会使书籍装帧更加具有互动性和趣味性。我们可以在书籍封面设计中应用新媒体的电子技术，在封面中置入Led光源，使得光源根据音频旋律闪动。同时，还可以将书脊做成半透明的发光效果，使封面和书籍具备照明功能。此外，在书脊黏合铆磁铁，让封面的整体具备可拆卸功能，使封面不仅能保护书芯，拆卸后又能作为照明工具。

《Enlightenment Lamp（启蒙书灯）》被放在书架中时可以为其他书籍带

来光亮，在书架中它就像一本神奇的、呼唤着读者去阅读它的书。《启蒙书灯》采用白色树脂玻璃，内置 9 瓦节能 LED 灯，尺寸为 9.4×9.4×6.7 英寸。另外，读者购买《启蒙书灯》的部分资金会被捐赠给慈善机构，用以帮助支持教育项目，真正践行了"启蒙"之意。新媒体技术和书籍的造型设计巧妙的结合使"启蒙"的含义照亮了生活。

（二）音频在书籍封面设计中的应用

2007 年美国亚马逊以书籍为雏形设了一款名为"Kindle"的掌上电子阅读器，2013 年又推出了新一代"Kindle Paper white"，其特点是图书存储量丰富、极其轻巧便捷、支持 WI-FI 环境下使用。人们拿着这款比 IPAD 轻巧却比手机屏幕大的阅读器，可以在听音乐的同时沉浸在书籍的海洋。

在书籍封面中加入新媒体的音频技术，可以丰富阅读时的听觉体验。设计师可以在书籍封面嵌入新媒体的蓝牙连接电子设备、内存卡播放、FM 播放等技术，将含有这些功能的电路板嵌入封面中，使读者在阅读时可以连接手机里的音乐播放器，从而可让其自主选择配合阅读的音乐。另外，电路板含微型扬声器和具有储电作用的锂电池，并含有 USB 充电口以供多次使用。

六、强化文字创意设计

书籍是文字的载体，一本书从其书名的字体设计到其他字体之间的组合，再到封面封底上的文字内容设计等，都要坚持整体性编排。文字不仅仅是语言的载体，也是一种图形艺术，设计者要结合一本书的特点来运用适合的字体，如果仅仅是在封面安排一些文字介绍，只能起到一种信息传达的作用，失去了封面设计的美感，甚至会直接阻碍读者阅读的欲望。因此，文字的创意设计是十分重要的，设计师在选择字体的时候，一定要考虑其能否与书的内容相和谐。在字库中，宋体和黑体是应用较广泛的字体，大多数的设计都会结合书的内容等在此基础上进行变形、加粗、变细、倾斜等变化，创造出一种艺术化的表现形式，增强视觉冲击力。

七、注重材质的运用

在现代《朱熹千字文》书籍设计中，封面设计师为了结合古代书籍的特点，追求一种原始的书装材质和形态来实现一种形式的回归，展现一种古朴深沉的设计风格，为书平添了几分返璞归真的色彩。选材形式是在好的创意前提下给封面设计锦上添花，采用独特而新颖的创意、灵动的设计方式才能够让书籍为读者带来新鲜的视觉感受。总之，随着信息时代的飞速发展，人们获取信息的渠道日益丰富，为了加深读者在快速浏览中的印象，书籍的封面设计就显得更加重要。成功的封面设计，需要多种设计因素，选用封面材质的不同会为读者带来不同的异样感受，因此，书籍的封面设计中，不同材质的选用是非常重要的。

第三节　书脊的艺术魅力

一、书脊设计

书脊是封面的一个组成部分，在书脊的构成中，书名是重要的设计元素，是区别不同书籍的重要标志。书脊能为读者在图书馆或书店的书架上快速地找到图书提供方便，富有创意的书脊设计还能引起读者的注意，激发阅读者阅读书籍的兴趣。

书籍的页数多少、印刷材料的使用都是制约书脊空间的直接因素，也制约了设计师在书脊设计的发挥。设计师要在有限的书脊空间里，合理运用图文、色彩等达到书脊设计的美化。

尹岩设计的《针灸临床系列丛书》是一套面向国外市场推出的针灸临床系列丛书，主旨是发扬针灸临床的优势，重点突出针灸治疗的特色，继承和发扬中医学的传统知识，向世界展现中医针灸最新的研究成果。该书在书脊的设计上采用简约的基调，淡雅的色彩与烫金工艺相结合，形成了传统和古雅的气息。

（一）书脊设计的现实意义

书籍装帧设计中的书脊设计，就是对书籍处于封面和封底之间部分的设计。书脊能够保护书页的装订，还便于读者在书架上快速、准确地找到自己想要找的书籍。书脊在狭小的空间内简要说明了一本图书的身世背景，让人们能在最短的时间内认识一本书，从而决定是否拿起它做进一步的了解。

在书籍装帧设计的艺术创意中，书脊设计有着自己独特的艺术魅力，尤其是书籍的护封设计。每一本书都有着自己不同于别的书籍的设计方法，设计师针对不同的书籍设计不同的书脊及护封，更能够体现该书的风格魅力，这就是书脊装帧设计中的最大意义。书脊设计能够在视觉传达的直接影响下吸引阅读者的目光，书脊设计元素中除了醒目的书名外还要有独特的设计。

（二）书脊在空间结构中的处理与应用

书脊设计在书籍装帧设计中有着严格的限制，不仅受到空间面积的限制，在设计具体的内容方面也受到限制。因此书脊设计对于设计师是更大的考验。

1. 重视装帧中整体与局部的关系

书脊的设计要和整本书籍的装帧设计融合在一起，要从整体上服从书籍装帧的创意设计。书脊本身就是书籍封面与封底的连接部分，但是又具有相对的独立性，因此设计师在设计书脊时，既要保证书脊设计的完整性，又要兼顾书脊的检索功能性。如果忽视了这一点，就会因局部的缺陷而破坏整体艺术效果。

2. 书脊本身的结构

书脊通常包括书名、作者、出版社等，书名通常设计在书脊的中上部分，而书脊的下半部分则设计出版社名称和标识。书脊狭小的平面还要根据书籍的薄厚程度来确定，其格局效果存在很大的制约性，这就需要设计者在文字的处理、色彩的运用，以及材料的应用上花费更多心思，从而出奇制胜，做出更加新颖独特的设计。

3. 丛书、套书的书脊呼应

书籍中的丛书系列、套书系列的书脊和单本书籍的书脊设计是同样的结构。但丛书有其自身特点，即单本书之间存在共性联系。比如有的丛书其作者皆是名家，有的在文体形式上相同，如唐诗宋词等，抑或是内容或价值上有相似之处，如我国的四大名著。因此，设计人员就必须要抓住套书、丛书的共同因素，使得整套书在设计上具有相同的特点，这样才会使读者在选择时可以轻易地辨别出哪些书是一套的，它们是否值得全部阅读或收藏。从某种意义上讲这也是商家促销的一种手段。因此套书、丛书书脊设计中的规律性和不变性也就显得尤为重要。往往很多套书中的书籍不能同时出版，而出版的先后时间可能很长，所以设计书脊时更要从一开始就考虑到套书的书脊设计统一性、整体性，乃至趣味性。

（三）关注书脊设计本身

书脊设计应既能体现该书的内容特点，又能标新立异。阅读者面对书架上琳琅满目的书籍，如何快速找到自己想要的，找到以后又是否能对其产生阅读兴趣，这些问题都和书脊设计息息相关。而提及书脊的设计，我们就一定要从视觉传达本身的设计要素来着手。

1. 文字

由于书籍本身的特性不同于其他商品，我们必须要通过一定的文字对其加以说明，所以图书设计必须首先重视文字设计。书脊的狭长形式要求书脊上的图文都要竖直排列，遇到较长的文字也可以截为几段处理，但句义或词义的完整性不能被打破。我们前面提到书名的位置是确定的，位于书脊的中上部。那么我们所能改变的就只有字体、字形、字号等元素。字体不用说，我们现在通过计算机所能应用的汉字字体就有百种之多，更不用说外文的，只需选择适合书籍内容的字体加以排版即可。有的设计师会专门找一些书法名家来题字，或者借用一些大师的字作为书名的字体。

然而有些出版商或作者并不满足于现有的字体形式，这就需要设计师对特定书籍对象有着充分而正确的理解，从而对书名文字加以适当变形，既彰显个性，又不违反书脊的职责。例如，少儿刊物可以将文字和卡通图案相结合，从而吸引小朋友的注意。还有的书籍将书名整个放大，由于范围超出了书脊的边界，索性将多余的部分去掉，使文字打破了自身的束缚形成新的图案，观者首先会被这样一种残缺的形象所吸引，进而再识别缺失的文字，这种设计往往可以增强视觉效果，新颖有趣。

2. 图案

图案不仅有标识作用，还可以美化书脊，和书名形成强弱对比关系，从而反衬书名。我们这里提到的图案包括单一图形通过有规律的排列形成的二方连续、四方连续等，也包括独特的标识或抽象图案。只要它符合书脊的整体设计风格，既能更好地说明、解释、衬托、呼应书脊的设计，又不破坏读者对于文字的阅读，设计师就可以对其大胆地应用，从而更好地运用书脊表达情感。

3. 色彩

色彩的合理搭配可以在最大程度上实现书脊美学表现的优化，而书籍材质质感则是书籍美学体验的提炼和升华。可以说，文字、色彩、材质共同构成了书脊设计的系统工程，这些感知元素的良好搭配就是书脊设计最本质的艺术美学根源。

4. 材料、制作工艺

书的厚度决定书脊的宽度，而这个宽度是要通过对书籍排版、印刷、装订后的纸张厚度和页数的计算后，才能精确得出。书脊通常分为书脊颜色与封面、封底相同的"活书脊"和书籍颜色与之相反的"死书脊"两种。虽然相对来说

"活书脊"会更好把握一些，也可以更大范围地保证成书的成品率。但为了追求更好的视觉效果，现在很多图书都是"死书脊"。书脊上的色彩、图文可由设计者通过市场情况而定，所以变化非常大。但无论采用哪种书脊，在设计的时候设计师都应该算出准确的厚度，这样才能设计出完善的方案。

由于科学技术的快速发展，印刷书籍的材料工业也得到了快速发展，新型印刷材料的出现为书籍装帧设计提供了更多的设计途径，也提供了更多的像镂空、压凹、起鼓、烫印金银、电化铝、过油、局部附膜等不同的印刷工艺，对于有重要收藏价值的平装书和精装书，设计师在设计时可以结合烫印黑色、绿色、红色等各色粉箱和电化铝工艺，这样更能显示出书籍的价值。

二、护封设计

（一）护封概述

从"护封"这个名词本身的含义来看，它的任务就是保护封面。当然，其另一个重要任务是帮助推销。它是这本书的第一个介绍人，可以向读者介绍书籍的精神内涵及主要内容，并鼓励读者去购买这本书。护封在商业竞争中起到了促销的作用，在设计中要强调护封与书籍本身的内容在精神本质与艺术形式上达到协调统一。

护封在整体上是一张长方形的印刷品。它的高度和书籍相等，长度要包裹住封面的前封、书脊和后封，且在两边要长出5~10厘米。长出的部分向里折，形成折页，又叫勒口。护封在文字上的使用很灵活，在护封的书脊上至少要有书名和作者名，目的是使书脊在书架上容易辨认。在前勒口上还可以设计本书的内容简介以及短评，使读者能够掌握一些有关信息，提高购买的可能。在后勒口上可以印上作者简介以及照片等。与护封相似的还有书套，书套一般采用硬纸板，五面粘合，一面开口，开口处正好露出书脊。

例如，《戏歌传情》利用网格对书籍护封环衬进行编排设计，可以快速确定书籍的中心位置。书籍在环衬设计上选用颜色为红色，在设计环衬时，并不是只用了整面颜色，而是加入了圆形和线条这两种视觉元素，圆形的使用给人一种停顿的感觉，而线条的运用又有一种延续感，二者结合，可以引起读者继续阅读的兴趣。选用颜色时，设计师考虑到设计内容为京剧，所以以红色为主，在整个版面中红色给人的感觉是沉稳中带着张扬。

（二）护封设计的争议

近些年来护封被很多书籍设计师所诟病，其实，护封的主要问题不在"泛"，而在"滥"。其使用率本身不是问题，关键是护封的内容越来越"妖化"。一方面是由于护封以不实的名人推荐信息来骗取读者的关注；另一方面，存在"逢书必封，封而哗众"的问题。走进书店，我们会发现将近三分之二的书都设有护封，有时在翻阅的过程中带来极大不便，甚至有时亦有失美观。

护封乃舶来之物，源起20世纪80年代的日本，最早用于精装书籍，起到保护书皮封面、增加装饰性的作用。日本书籍恶性竞争之时，其被用以吸人眼球。当时，日本护封可谓血本营销与装饰的必争之地，而不是宣传之物。20世纪90年代，当护封被传至大陆时，其已经失去了艺术性而成为一种浮夸的宣传手段和营销佳品。

未来护封的有无要依据各书设计务实之需而定。若有，则要"实"、要"美"，在功能之上体现艺术性是护封能够存有一席之地之必要条件。就新中式书籍装帧的护封设计而言，设计师应酌情而定有无。有则要综合封面进行设计，其色、其形、其位置、其功能都将成为封面设计的重要一部分。例如，萨瓦尔所著《隔间》、包立民《张大千家书》、孔明珠所著《煮物之味》、吴雨初著《藏北十二年》等书籍所设护封皆成为封面画龙点睛的一部分，尽显中式简洁之美。其中，《隔间》将书籍封面的一部分折页向下形成假护封，巧妙地和封面形成对应关系，或是未来护封设计的新视角。《那个鸟年代》采用反思维竖向设置护封，可谓护封创新设计的先锋，虽然其在实际使用中不能起到保护封面的作用，又碍美观，但这一举措足够证明尽管护封的应用尚不成熟，但新意识已经形成。

第四节　书籍的内部设计

一、正文设计

正文版式设计是书籍装帧的重点，设计师在设计时应注意以下几个要点：正文字体的类别、大小；字距和行距的关系；字体、字号是否符合不同年龄人们的要求；在文字版面的四周适当留有空白，使读者阅读时感到舒适美观；正文的印刷色彩和纸张的颜色要符合阅读功能的需要；正文中插图的位置以及和正文、版面的关系要恰当；彩色插图和正文的穿插要符合内容的需要和增加读者的阅读兴趣。

每幅版式中文字和图形所占的总面积被称为版心。版心之外上面空间叫作天头,下面叫地脚。中国传统的版式天头大于地脚,是为了让人作"眉批"之用。版心的大小根据书籍的类型定:画册、影集为了扩大图画效果,宜取大版心,乃至作出血处理;字典、辞典、资料参考书,仅供查阅用,加上字数和图例多,并且不宜过厚,故扩大版心,缩小边口;相反诗歌、经典著述则以取大边口、小版心为佳;图文并茂的书,图可根据构图需要,安排大于文字的空间,甚至可以作跨页排列和出血处理,同时要使展开的两面呼应和均衡,让版面更加生动活泼,给人的视线带来舒展感。

在版式设计中,文字排列也要符合人体工学。太长的字行会给阅读带来疲劳感,从而降低阅读速度,因此字距和行距要适度。此外,艺术读物的版式常追求新意,打破字距、行距的一般规律。根据书籍的内容,设计时一般按篇、章、节的层次,由大至小。篇、章、页的装饰应注意与装帧整体风格的统一。

二、扉页设计

扉页,是书籍封面之后,正文之前的一页,是印有书名、出版者名、作者名的单张页。扉页是书籍装帧设计的组成部分,它是介于封面与书籍内部之间的一座桥梁,发挥着外观与正文的连接作用,是书籍内部设计的重点。这是扉页设计最大的特点。

三、目录设计

目录是书籍的重要组成部分。记录图书的书名、著者、出版与收藏等情况,按照一定的次序编排而成,是指导阅读、检索图书的工具。目录是整个书籍重要的信息提示来源,是书籍的导识系统,是读者进行信息索取的来源,也是进行阅读的提示工具。目录一般位于前言之后,正文之前,也可被放在正文之后。目录的编排形式很多,但作为书籍的一个版面,设计师在设计时要和全书的整体风格相统一。在越来越重视设计的当今社会中,一些需要设计、需要改进、需要创新、需要打破常规、需要有所突破的未设计领域往往成为设计的新大陆,

四、书籍内部设计案例——《戏歌传情》

《戏歌传情》一书是关于京剧内容的书籍。书籍主要介绍了京剧的经典曲目、京剧角色等内容。在进行书籍版式设计时,设计师为减少阅读时产生的乏累和阅读疲劳感,整个版面都很注重留白的使用。同时,由于是京剧类主题的书籍,为体现京剧的多彩,所以版面的颜色也是设计师重点考虑的设计元素之

一。在进行设计时，设计师利用网格设计使书籍版式设计在理性逻辑的掌控下，产生视觉美感。这样的版面设计在保持整体、有序的同时，还具有设计美感。

（一）扉页设计

网格设计应用于书籍扉页设计中可以快速组织和规划版面设计元素。《戏歌传情》的扉页设计选用的颜色与环衬相同，版面中间加入长方形的条框，选用色为黄色，与底色形成了鲜明对比，在突出书籍名称的同时也增加了设计感。扉页设计选用了三种字体，在大小上形成了鲜明的对比，突出了书籍名称的重要性，快速传递了重要信息。同时版面中加入了图形来辅助设计，使版面变得更加丰富。书籍设计的目录前页使用颜色与扉页相似，目录前页的设计文字与图形之间的颜色相互呼应，在整个版面中看似分开但又存在着联系，使视觉元素在版面中形成一个整体。同时，由于版面中使用了简单的图形元素进行编排，故而看起来不那么空洞，图形元素的加入使整个版面变得更加丰富，具有视觉美感。

（二）目录页设计

模块式网格由大小不等的单元网格构成，在模块式网格中我们可以看到更为精妙的版面变化。《戏歌传情》的目录页设计选用了三种字体，将版面中的文字信息用不同的字体、字号、编排方式进行区分，同时在整个版面上加入了更多的视觉设计元素。由于每一本书设计的内容不同，所以图片的选用也不同。为了区分不同的书籍，该书在设计时分别采用了有关于京剧的年画、剪纸、皮影三种不同内容的图片。不同内容的图片选用不仅有利于区分书籍内容，同时也凸显了京剧这一设计主旨，而且增加了版面的视觉美感。在颜色的选用上，其以黄色和红色为主，一是为了与前面的设计内容相呼应，二是为了区分不同的文字信息。在进行编排时，设计师考虑到不同书籍中图片的形状，适当地调整了个别书籍中文字与图片之间的距离。版面中还采用了印章的这一设计元素，丰富了版面的变化。圆形视觉元素的加入则使版面显得更加活跃。设计师在设计时也注意了版面中的留白，留白有效地隔开了版面中的视觉元素，使相关视觉元素显得不那么拥挤，同时版面看起来有更多的呼吸空间，缓解了阅读时产生的疲劳感。

具体而言，每本书籍设计各分三个章节，繁体字的使用使版面看起来更加均衡。起初在设计时，设计师曾尝试使用简体字，但是简体字给人的感觉较为单薄，所以最终选用了繁体字。版面中使用了圆形这一视觉元素，圆形与顶端图形构成了鲜明的对比，自上而下的聚焦点也增加了圆形本来就有的视觉力量。设计时，设计师为保证版面协调整体使用了大量的留白，使版面重点信息一目了然，同时增加了视觉美感。设计师设计时在颜色上的选用较多，顶端颜色为渐变色，底端的圆形为实体色，形成了自上而下的滴落状，使版面顶端与底端的视觉元素在整个版面中构成了一个整体，同时圆形中体现相关京剧人物，突出了设计主题，增加了书籍的观赏性。书中对生角、净角和旦角章节页的设计也有所差异，根据设计内容的不同，设计师选用的颜色有很大的差别，凸显了京剧各角色之间的不同。

（三）正文设计

在使用网格设计对书籍正文进行编排时，设计师充分考虑到了网格中的图片与文字、虚实空间组合、视觉元素与四边的关联等各个方面，对如何理性控制版面的灵活性有了更深层次的理解。书籍内文设计以图文混排为主，版面中涉及了大量的文字与图片，然而过多的文字与图片容易引起读者阅读时的疲劳，所以版面设计充分使用了留白这一设计手法。例如，书籍底部为红色的线条，顶部则用空白代替，这样的设计使整个版面看起来不那么拥挤，同时顶部的留白给版面营造了更多可呼吸的空间，而底部的红色线条则拖住了整个版面。在网格设计的作用下，整个版面显得更加清晰化、整体化。设计师利用网格将版面中虚实空间进行合理分配，保证了版面的协调稳定，同时使整个版面的变化更加丰富，具有设计美感。

在进行书籍内文的图文设计时，设计师有效合理地分割了版面中的网格，按照版面不同的编排需求，使其变成了大小不等的单元网格，充分利用网格对版面进行划分。图片作为书籍设计中重要的视觉元素之一，自身就具有可观、可读、可感的优越性，同时又富有幽默感和趣味性。在书籍版式设计中，设计师利用网格对大小不等的图片进行划分、裁切、重组等，可以使版面看起来更加丰富、灵活，同时具有视觉张力。对版面中的文字进行编排时，为突出内容的重要性，设计师对个别文字进行了放大和改变色的处理，利用网格进行文字编排，很好地解决了文字的过长或过短出现的阅读疲劳的问题，增加了阅读趣味性。网格设计下的版面中图片与文字之间的相互影响，相辅相成，更显版面的"动、静"之美。

书籍内文版式设计的颜色使用较为丰富，以渐变色为主。例如，文字前的长方形渐变，以及竖排文字前的圆形渐变。同时版面中还有辅助整个版面的色块的使用。设计师将版面中渐变的长方形色块置于文字前，为版面出营造出另一个空间。使版面变得更加丰富多彩。

　　书籍内文的页码设计分为两个部分，以书籍"传承·京剧"标注和书籍章节内容标注为主，同时加入了书籍名称，以及京剧评价。页码标注加入了线状的图形标志，有效地隔开了标注文字，既增加了视觉上的美感也传递了主要信息。

第五章　书籍版式的创意设计

　　书籍版式设计是传统书籍装帧设计的最基础环节，传统的版式设计面对的是纸版印刷的页面，通过对图像、文字、色彩合理的安排，产生新颖的视觉流向，从而使版面更加合理、信息阅读更加有序，最重要的是给予读者美的感受。现代书籍版式创意设计在新环境下应展现出更强的引导阅读的能力。本章分为版面设计的原则、版面编排的构成要素、文字版式的创意编排、图片版式的创意编排、图文混合版式的创意编排、书籍装帧的平面元素创意六个部分。主要包括：版面设计遵循的原则，版面编排的版心设计、编排方式等构成要素，文字版式、图片版式和图文混合版式的创意编排等内容。

第一节　版面设计的原则

一、主题突出

　　版面设计是视觉传达的重要手段，在现代艺术设计中占有举足轻重的地位，是技术与艺术的高度统一。

　　版面设计亦称版式编程，即在特定的版面空间里，将各种视觉元素（如文字、图形、图像、标识、色彩等）加以组合表现，根据主题的需要，遵循审美的规律进行视觉传达的设计方法。

　　版面设计本身的目的是将主题鲜明突出，这是版面设计的精髓。很多设计师为了追求画面的艺术性，只想通过设计元素表达自己的审美，却忽略了传达内容的直观性。设计是为了更好地、更直接地传达信息，这个中心不可被忽略。版面设计要通过理性与感性的结合，引导读者视觉的走向，从而增加读者对版面内容的理解性，突出主题的版式；要运用构成元素与图形元素的辅助性，通过艺术性的处理，使主题一目了然，从而达到其目的。

二、本体意识增强

在书籍装帧设计的立意构思中，书籍的本体意识逐渐增强。什么是书籍的本体意识？就是书籍本身所要传达的内容，这是书籍本身内容传递的精神实质。在一段时间内，现代书籍装帧曾出现过度包装、过于在意装帧的形式，忽略了书籍本身所要传达的信息，本末倒置，抓错主次。现代书籍装帧为书籍内容服务，只有正确有效地传递了书籍的内容，再辅以恰当的艺术表现形式，才能焕发出书籍本身由内而外的精神气质，起到锦上添花的作用。书籍的外在形式美和内在内容要相统一、相辅相成，让读者通过优美的书籍装帧直接有效地了解到书籍的内容、主题和梗概，明确作者书写意图，引发购买书籍的欲望，实现书籍作为商品的商品价值。

相比较以前华丽炫目的艺术表现，现代书籍装帧设计更加注重书籍本身内容传递的有效性。

比如中国台湾平面设计师王志弘的书籍装帧作品《遥远星球的孩子》，其封面干净简洁，色彩简单，现代感十足，具有几何装饰意味，几个黑色圆形块面配以白色小圆点，就像刚刚出生的目光纯良的孩子，简洁又颇具细节。书封上白色圆点的距离处理讲究，页面生动，直达书籍主题。读者单看书籍封面，感知与标题彼此呼应，就能产生浓厚兴趣。

三、艺术美化

版面设计中的装饰性元素要符合主题的内容，以一种轻松愉快的形式表现出来，遵循一定的美学原则和意义进行表达，增加画面的情趣和意境，从而引起读者的兴趣，给人留下深刻的印象。

版式的装饰性元素包括文字图形、色彩，设计师通过对比、均衡、调和等美学原则利用其对版面进行艺术处理，既美化版面，又传达了信息。

四、多空间应用

书籍版面设计中的空间往往不易定义，因为不同的视觉要素所构成的整体可以展现不同的空间，我们要善于运用多种视觉要素展现积极空间。积极空间可以被理解为版面设计中的主体。常规的书籍版面设计以文字或图片为主体，主体与页面边缘留有空白，空白的作用是为读者留有想象和记录的空间，而其同时也是新媒体艺术在版面设计中用来烘托主体的空间，可增强主体内容的趣味性和信息量，可将书籍中的多种空间利用起来，从而强化和突出主体。

五、个性鲜明

每个设计师对于意境、形式、美感的理解不同，对于主题的表现各有千秋，设计就是在这样的创造中变得更有意义。版面设计需要的就是这样的"个性"，不要千篇一律，要个性鲜明。当然，这里谈到的"个性表达"建立在与浏览者无障碍沟通的基础之上，设计师要能够很好地通过设计作品将信息传达给浏览者，并且使浏览者印象深刻。这是一个成功的版面设计作品所具有的功能，也是对设计师的思想境界、艺术修养和技术知识的全面考验。

六、整体统一

设计师对版式中的文字、图形、色彩等构成要素进行整体的组合设计时，要遵循美学的设计原则，从而使整个版面统一而具有秩序性和条理性。内容与形式的高度统一，以及整体概念的突出表现都更好地传达了设计师的设计意图。

版面设计是书籍装帧设计中的一个重要环节，优秀的页面设计一方面可以方便读者快速浏览内容，另一方面可以加速信息的流动。例如，设计师可以使用摄影作品来做版面的重要信息参照图，让读者快速了解信息。精致的摄影作品可以使读者产生继续了解信息的欲望，因此摄影作品的拍摄技巧起到了至关重要的作用。摄影作品如同一整张页面的主体，而摄影作品中的主体应大部分都在黄金分割线上。

书籍的版面设计也是有一定规律可循的，通常书籍的开本形态分为竖开本、横开本、正方形开本，不同的开本可以设计出不同的版式，从而带给读者的阅读感受也略有不同。德国字体设计师简·奇切尔德在研究西方手抄本的过程中，发现书籍的排版也使用了黄金分割。书籍装帧可依据黄金分割尝试不同的排版，使版面丰富却有规律，让图片和文字在版面中活跃，形成和谐的整体。

第二节 版面编排的构成要素

一、版心设计

书籍版式中版面编排的版心设计，主要包括书籍版面中的文字构成、图形表现和色彩作用。书籍要表现的阅读效果和带给阅读者的版式美感，决定着版心在版面设置上的比例、大小和位置。

版心中的内容与版面四周边口的距离是有一定比例的，既要能够容纳文本的文字，还不能损害版面的美感，这样在合适的页数范围内能够保证阅读者的阅读速度，不会使阅读者在阅读中产生局促感。

欧洲装帧艺术家约翰·契肖特对中世纪《圣经》做了大量研究，认为比例2：3是版心最美的比例。版心的高度等于开本的宽度，且四边空白左、上、右、下的比例为2：3：4：6最为适合。从版面整体效果来看，留出四周足够的空白，易引起读者对版心文字部分的注视，同时也给读者愉悦的阅读感觉。

（一）文字构成——气韵

书籍是以文字的形式记录各种社会活动的综合系统器物工程。这里的社会活动包含了许多学科、多种范畴的理论种类，如政治经济学、文化艺术学、社科人文学等。文字最早的呈现方式是直观生动的图像形式，而随着人类社会逐渐进入文明进程，文字逐渐趋于抽象化展示，这也是人类社会的进步标志。文字从来都不仅仅是一种记载言语与文化知识的实际器物，更是一种传达观念思维与美学神韵的关键手段。

在另一个审美层次范畴，文字还是书籍装帧设计艺术的气韵形成要素。文字字体的不同类别，也与书籍内容、书籍气质息息相关。如草书的自由洒脱、隶书的工整严禁、宋体的深邃底蕴，这些字体都直接展示着使用该字体书籍的特点气质。因此，在书籍装帧设计艺术中，书籍文字形式、文字构成都非常值得重视。

（二）图形表现——生动

单一的文字表现形式，在现今日新月异的工艺艺术设计行业中，是很难一直葆有生命力和吸引力的。现代的书籍装帧设计，通常会在主要的文字构成中，辅之图形画像的设计修饰，这样可以有效防止读者在阅读时的审美疲劳以及兴趣下降。书籍装帧设计只注重知识文化的传播继承是远远不够的，还必须兼具美学思维、艺术美感的设计理念，让书籍的展现形式更加多样化，同时表现方式也更为生动有趣。

有的书籍以超强的视觉设计来展现图像强大的表现力。逐步发展的装帧印刷工艺，保证了图像绘画在书籍中的表现可能。书籍只有结合了文字的严谨传达，以及图像形状的生动形象，才能在艺术审美层面确保自身的艺术表现力。

（三）色彩作用——交汇

近现代书籍装帧设计中，书籍的色彩是书籍装帧艺术表现形式非常重要的特征。书籍的色彩呈现，往往离不开书籍材质本身的色彩基础以及书籍印刷工艺的交汇融合。而随着书籍材质的丰富多样以及油墨印刷工艺的不断进步，书籍的色彩选择也越来越多元化。

如传统牛皮纸材质的浅黄色调以及平板油墨的印刷技术，通常在交汇融合后表现出书籍古朴典雅的艺术美感。而如果以逐渐在现代工业社会中流行金属材质作为书籍装帧原材料，加之金属色油墨的印刷应用，则可以形成坚固冷硬的工业艺术风格。

不同材质承印物与不同油墨印刷相互融合，会展现出完全不同的色彩表现效果，所以说书籍装帧艺术设计中用到的材料和所用油墨的艺术交汇，可以更加丰富书籍装帧的色彩表达，以及增强书籍的艺术表现力。

（四）材质选择——升华

对于书籍装帧设计工艺而言，材质的选择十分重要。因为书籍装帧所用材质作为书籍装帧的物质基础，从根本上决定了书籍的本质风格。选择适宜书籍风格的装帧材质不仅可以有效凸显书籍的艺术表现力，同时还能升华书籍的美学意蕴。

在近现代的书籍装帧行业，书籍材质的选择和运用逐渐趋于多元化。书籍材料除去传统选择范畴之中的胶版纸、白板纸、宣纸、粗毛边的艺术纸等材料之外，还不断涌现出木质材料、纤维材料、金属皮革材料，以及新型合成材料等多种选择。

不同材质具有不同的特质风格，有的属于天然温和艺术风格，如宣纸、毛边纸等；有的则有着历史厚重的特点，如金属皮革等。书籍材质的选择在浅层意义中是提供装帧设计的物质基础，而从更高层次中分析，材质的选择本质是对艺术风格和审美艺术的升华提炼。

如《怀袖雅物——苏州折扇》采用竹子等作为书籍材料，体现了苏州折扇的本土文化特色。整书在翻动时，犹如清风拂过，充分体现了苏州折扇的历史传承与艺术审美，让读者在阅读的同时受到传统艺术魅力的熏陶。

二、编排方式

编排方式是指版心正文中字与行的排列方式。中国传统古籍书的编排方式都是竖排式。这种方式的文字是自上而下竖排，由右至左，页面天头大、地脚小，版面装饰有象鼻、鱼尾、黑口，它们与方形文字相呼应，使整个版式设计充满东方文化的神韵与温文尔雅的书卷味。

西方书籍版式设计则注重数学的理性思维与版式设计的规范化，文字采用由左至右的横排。随着西方近代印刷术的传入，我国书籍的排版方式也渐渐由竖排转变为横排。由于文字的横排更适应眼睛的生理机能，同时横排由左至右，与汉字笔画方向一致，更符合阅读规律，因而现代图书版面编排除少数古籍图书之外，都采用横排方式。

三、分栏与行宽

据研究，人视觉的最佳行宽为 8~10 厘米，行宽最大限度为 12.6 厘米，如果行宽超过这个限度，则读者阅读的效率就会降低。为了保护视力，大开本图书不宜排成通栏，适宜排成双栏。版式设计可由设计师根据实际情况发挥创造，使版面不仅适宜阅读，还美观、新颖。

四、字号、字体及间距

书籍版面编排在传递信息的同时还应保证版面的协调性以及阅读的流畅性。版面中字号的大小的区别对比，能够在版面中迅速拉开空间的层次关系。字号的大小对比，一方面增强字体的表现力，使版面更具有表现张力，并且在视觉上得以延伸；另一方面使版面更清晰易读，以便于读者在阅读过程中查阅识别内容信息。

为了使书籍版面向读者呈现出更为丰富的视觉效果，设计师需要选择不同的字体样式进行对比组合，但是在版面中选择什么风格的字体以及选用几种字体样式都是需要慎重考虑的，以免版面显得杂乱无章。为保证版面的整洁有致，设计师可以对其分类组合编排，这样则可以保证版面富有层次，同时还能丰富其版面效果。

文字编排同样还包括对字间距与段落文字的行间距进行的调节。设计师有意识地调整字间距，可以使版面具有一定舒缓节奏的视觉效果。行间距的宽窄比例不同也可以呈现不同的效果。例如，行间距的规整从视觉上使读者感受到秩序规则之感，相对宽松的行间距能使文字内容更加清晰饱满。

五、插图的设计

对于书籍的插图，每个人有不同的见解。最流行的说法是插图已不仅仅是为补充文字而存在。近些年来，插图已然被看作一门独立的艺术，既具有语义功能又具有审美功能。插图的语义功能表现在能让读者不看文字表达便可通文达意。这种功能的载体多为漫画类插图。插图的审美功能表现为对书籍的装饰，主要能带给读者视觉上的愉悦感。

鲁迅先生曾对插图做过这样的评价,他认为书籍的插图,原意是在装饰书籍,增加读者兴趣,但那力量,能补文字之所不及。所以,插图的相对独立性便使得插图艺术在近些年来被提升到一个很高的地位。书籍中的绘本便是独树一帜的插图艺术。在中国台湾,图片多的书被称为图文书,人们将其与其他书籍区别开来进行销售。所以,图片在书中究竟是做文字的补充,还是引领整本书的内容,这是十分值得研究的问题。而本书中所说的插图不单针对图文书而言。

插图设计可以为书籍设计注入更多的活力,而书籍插图的优势之一就是为读者提供更为舒适的阅读情境,这也符合图书出版发展的要求。那么书籍插图未来将何去何从?书籍插图不仅要从书籍内文的气质做起,既保证书的专业性,还要考虑到文字、纸张以及装订的特性。在赵云龙的论文《论插图在书籍设计中的构成方式》中,作者明确总结出除旅游、漫画、摄影,以及绘本含有大量的插图之外,书法篆刻和设计绘画内也含大量插图。纵观此类书籍,插图之多与其书籍内容所体现的功能性有着很大的关系。此外,文中还指出,书籍设计的成功与插图的覆盖率有着本质的关联。但是从销量来看,文学类、生活类、社会类,以及历史书籍占据所有书籍的前四名,虽说文学类书籍插图覆盖率远不及其他图文书籍,但是仍成为畅销品。

从目前来看,插图大致由繁从简,彩色插图趋向清新,传统色彩绘制的插图也成为趋势。此外,原创、人文关怀的插图也被重视起来。黄玉永为《大话水浒》所做的插图既风趣又蕴含水墨写意,既符合时代特色,又很好地愉悦了现代人的审美。

六、版面的空白处理

空白是整个设计的有机组成部分,没有空白也就没有了图形和文字。因此,空白作为一种页面元素,其作用好比色彩、图形和文字,且有过之而无不及。在设计中,设计师要敢于留空、善于留空,这是由空白本身的巨大作用所决定的。空白可以加强节奏,有与无、虚与实的空间对比,有助于形成充满活力的空间关系和画面效果。设计师在设计时必须注意空白的形状、大小及其与图形、文字的渗透关系。空白可以引导视线,强化页面信息,还容易成为视觉焦点,让人过目不忘,印象深刻。空白还是一种重要的休闲空间,可以使我们的眼睛在紧张的阅读过程中得到休息。留有大片空白的页面元素能给观者以无尽的想象空间,留有"画尽意在""景外之景"的余地。

对于设计者来说,白色总意味着挑战,设计者出于本能更多地依赖色彩来增加设计效果，但过多使用色彩会使整体设计显得繁杂。现代设计崇尚"少即是多"的原则，尽可能用极少的元素进行设计，使版面既简洁明了，又丰富细腻。极简的极致就是空白，利用空白元素进行设计，能通过其形状、位置的不同组合产生千变万化的效果，具有简明扼要的美感。因此，留白并不是一种奢侈，它是设计的要素，是信息传递的需要。

例如，廖洁莲的《纸白》，将版面中的文字元素进行组合编排，使纸上文字在版面这个戏台上演绎出令人眼前一亮的剧目，黑字在白纸中层层进深，互相因借，分隔中有连贯、有贯通，障抑中有窥透。使原本单色的文字表现出绚烂多彩的大千世界，可谓"无形有意，无语有声"。通过"留白"空间的布置，设计者在书中营造出"虚实相生"的妙境，原本死板的文字内容也因此有了"气韵"，有了"动"，给人虚无且缥缈的感受。

又如，赵广超的《笔纸中国画》，这是一本给现代人看的中国画书。在此书中，国画不再是晦涩难懂的不可碰触之物，赵广超通过一滴墨、一张纸，以独特的视角切入到中国画的艺术世界中。书中布置了大面积的"留白"空间，对景物、花草的描绘也只是寥寥几笔概括而已，使读者在阅读诗词的空暇之余视线放空，思绪也随着书中的画面走向远方，去往诗词歌赋所描绘的大千世界之中。整本书给人一种深邃幽远之境界，带领读者循着不一样的路径，进入气韵、留白结合的意境之中，探究及体会传统中国绘画艺术。

再如，《文心飞渡》一书，书衣和内页选用了线描卯榫构件图，与经过退底处理后精致而又极具艺术性的实物图像相映成趣。设计者在书中布置了大量的"留白"空间，让读者易于在余白空间里联想回忆。雅致而闲适的版面中处处洋溢着古风雅韵，与此书传统家具的主题结合得天衣无缝。

还如，在《范曾谈艺录》一书中，可以看出书籍设计者非常看重全书版面构成的节奏，其设计字体、字号、行间距的动态变化，经营文本群在纸面的上、下、左、右游走。古籍中一贯留有充分的空白天地，读者可以留眉批写下自己读书时的所感所想，就像是书的第二个创作者。在《范曾谈艺录》中我们可以看到书籍设计者故意布置大量"留白"空间以效仿古代文人眉批的阅读习惯，其将文本信息尽可能地靠近页面边缘，为版面留出了尽可能多的"留白"空间，供读者书写随感之用，由此书籍成为一个流动时间的信息载体。此书的函套设计者选用了极有质感的手工纸面设计函套，整体简约空灵的书籍形态彰显了自然本真的文人气质。

最后再举一例，《怀珠雅集》是一套关于藏书票的作品集。其书籍形态在保持近似传统古籍形态的同时，设计者又注入了古代文人雅士趋于自然淡泊的审美情趣。版面中的文字与图片有机结合，同时又大量利用"留白"手法使得文本错落有致、相得益彰，由此整本书便形成了一种节奏感。书中自由的版面结构与主题内容交相辉映，让读者在阅读过程中能得到片刻休息和回味的空间。

第三节　文字版式的创意编排

一、文字版式编排概述

(一) 文字版式编排的定义

无论是针对书籍设计还是对于整个视觉传达领域而言，文字元素都是版式设计中最为重要的组成部分之一。文字能够传达给读者来自其本身的节奏与美感，设计师可以在书籍中选取各种不同的字体以及对字号大小进行调节，然后在版式中进行精心的布局安排，从而引导读者的视觉流程。

实际上，文字编排就是在版式设计中将文字元素按照一定的标准和规范进行组合安排，是对于不同字体之间以及字体与其他设计元素之间进行协调的一种艺术手段。书籍版式中的文字排列应当符合人们的阅读习惯以及审美要求，而想要最终实现这一目的，就需要让文字元素在版式设计中能够给读者清晰明确的视觉效果。

书籍中的内容信息很大部分都要依靠文字来传递给读者，但是文字并不单纯作为传递信息的文字符号，文字具有自身的魅力，这种魅力一部分来源于人们在阅读书中文字所呈现的内容信息的过程中所产生的联想，另一部分是通过视觉的方式来体现的。例如，书籍中文字字号大小的不同、字形的变化等都会使读者产生视觉上的差异性，并且产生心灵的碰撞，从而引起读者情感反应。

(二) 文字编排在书籍版式设计中的作用

1.文字编排是书籍版式设计的重要组成部分

书籍版式设计中文字与色彩、插图等其他设计元素同样重要，文字编排的表现形式就决定了书籍版面所呈现的视觉效果。即便现在很多人认为读图时代已经到来，但是无论什么类型的书籍都脱离不了文字，文字编排依旧是书籍设计的重心。从书籍设计之初，设计者首先要考虑的就是文字编排问题，书籍的封面、封底、书脊、内文版式、护封等都需要文字编排设计，字体风格的选择、字号的大小、字间距疏密变化，以及文字与其他设计元素之间的关系处理等都需要依据整个书籍版式而仔细斟酌，设计师要通过文字编排最终使书籍版面组合成一种最有效的视觉形式。

2. 文字编排对读者的引导作用

对于文字内容偏多的书籍来说，设计者对文字内容进行编排组合能使其更加具有条理性。读者在阅读书籍的过程中并没有固定的阅读模式，这就需要设计者通过文字编排来引导读者的阅读视线。很多读者在面对长篇大论时并不会从始至终地耐心阅读，人们往往想要快速地抓住重点信息，这也就需要设计者在文字编排的过程中考虑得更为周全，了解定位人群阅读的心理倾向，并且在设计中加以适应，提高读者的阅读效率。根据人们的视觉习惯，两个物体之间，人们的视线往往会被相对较大的物体所吸引。因此，在一定的适度范围内，设计师可以将主要的文字信息放大来引导读者的阅读视线，使读者能够一目了然，如让书籍中的主要的文字信息在编排方式上区别于正文内容更容易吸引读者。

3. 文字编排增强版面视觉效果

书籍版式中文字元素的编排并不只是形式意义上的组合，是要能够作用于读者认知感受上的一种重构，设计师通过文字编排方式的变化传递给读者一种新的视觉感受。文字编排作为一种设计手段，赋予版式更高的格调，书籍版式的视觉效果以及传达力的强弱，也都依靠于文字编排水平的高低。在设计过程中，设计师要将人们的阅读心理需求融入其中，打破文字编排的传统格局。成功的文字编排相当于为书籍注入了新的生命力，使书籍版式更加生动。

（三）文字编排在书籍版式中的设计原则

目前，我国的书籍市场发展十分迅速，各个不同类型的书籍应有尽有。但其中也存在着一些设计弊端，如文字信息过多、排版的单一而导致视觉效果过于拥挤，读者容易产生视觉上的疲劳感。或者文字内容过少，机械地追求空白的设计意境，让读者出现简单视觉心理。因此，设计师要根据目标读者的阅读心理需求，充分地掌握文字编排的变化所带给书籍版式的设计美感。

文字编排方式的变化使书籍版式更具视觉表现力，内容更有逻辑条理性。但文字编排始终不能忽视设计的受众者，文字编排最终是需要服务于读者的，因此在书籍版式中文字编排也需要注意以下几点设计原则。

1. 文字编排的突出性

如果书籍版面文字过多又没有突出主题内容，信息区分不够明确，会导致读者阅读效率过低。在书籍版式中，通过文字编排可以突出强调标题或者主要的文字内容，快速拉开版面中的层次关系，独特的版面效果能够在视觉上产生延伸感。例如，版面中由字体大小比例的变化而产生对比效果，能够明确版面内容的主次关系，并且加强文字的表现力。此外，文字编排按照一定的排列规则，使字号大小不同的字体能够形成递进层次，从而明确想要表达的主要内容。设计师应利用文字之间字号大小的对比变化，以这种强烈的对比效果突出主题内容，通过文字编排来突出版面效果，使内容区分更加清晰明确，能够帮助读者有效阅读。

而当书籍版面文字信息过多时，为使读者能依次对段落内容进行阅读，设计师可以对段落的首字进行突出强调，使其在版面中更加醒目突出，还可将主标题赋予背景图片之上，通过加大字号区别正文内容，使其突出于整体版面中；也可在目录页将章节编码施以较大字号，与其他文字内容产生强烈的视觉对比，这样有利于读者快速区分内容查阅信息。

为了突出书籍版面效果，设计师可以利用变化字体色彩将其进行合理的组合编排。字体颜色的改变能使读者形成视觉对比，突出主题内容使版面更加活跃。因此，设计者需要充分掌握字体之间色彩的对比关系，塑造版面效果使其在视觉上更具有冲击力。设计师运用文字编排的多种方式进行设计，最终目的在于将书籍版面进行区分，从而形成鲜明的对比，使主要的文字内容更加突出醒目，让读者在阅读的过程中能够对其优先注意。

2. 版式设计中文字编排的丰富性

在生活中人们经常会说"细节决定成败"，这句话同样也适用于设计，然而这一点却很容易被设计师所忽视，导致现在一些书籍的版式设计单一乏味，仅仅是简单的文字和插图的罗列，缺乏细节的设计。所以，设计师要通过文字编排为其增添细节设计，使书籍的版面效果具有丰富性，进而吸引读者。

文字编排能使书籍版面产生的丰富变化，为其注入活力和趣味性。例如，采用不同风格样式的字体进行编排组合，能使版面呈现的设计风格富有特点。各个不同的字体样式所产生的对比变化，能够为版面营造出丰富的视觉感受。按照字体风格样式进行组合编排，有利于区分层次内容。其中，字体色彩也可以作为丰富书籍版面的有效设计手段，色彩的变化能够打破单一版式存在的枯燥感，使版面更加活跃鲜明。或者将文字与插图相结合，应用于书籍版面之中，以增加其丰富性，这能在一定程度上降低因为文字过多而产生的聒噪感，呈现给读者鲜明的视觉效果。

书籍版面的丰富性，对其整体品质以及人们的阅读质量都有直接的影响，文字编排能使版面产生丰富的变化效果,最容易引起读者关注并触动读者内心。字体样式、文字段落排列方式、字体色彩的变化、文字与插图的结合等方式都能够丰富版面效果。注重对版面的细节设计,并且将各个设计元素协调统一,使之达到完美的契合,可以使读者感受到丰富饱满的版面效果。

3. 表现形式与风格的统一性结合

无论什么类型的书籍都应被作为一个整体而设计。设计师在设计过程中需要遵循统一的规律,一方面是体现在文字编排上的统一,这并不是将文字局限于居中对齐的框架之中。因为文字编排遵循统一规律的目的在于,使书籍版面上所呈现的不同文字内容得到更好的编排组合以便信息梳理。归根结底,文字的编排设计最终是为读者服务的。这也就意味着,书籍设计在彰显版面的视觉效果的同时,还要充分地考虑到读者的阅读需求。设计师应通过这种有规律的文字编排方式帮助读者阅读文字内容。将段落内容按照统一性原则进行编排,可以在版面中形成各种结构形式上的变化,依据主题内容的不同,形成不一样的设计表现形式。另一方面,则是针对版面风格变化的统一性,文字编排方式的多样性使书籍版面产生不同的变化,设计师要以设计上的创新来丰富版面效果,吸引读者注意力,刺激其视觉感官。这就需要设计师在设计的过程中,将书籍视作为一个统一的整体,让版面中设计风格的变化在整体设计中得以协调统一。而不是为了设计而设计,一味地追求变化,导致设计上的分离,版面结构的杂乱无章,造成读者视觉混乱。

例如,荣获 2018"世界最美的书"荣誉奖的《茶典》,从其设计角度来看,无论是版面上字体的编排方式还是与其他设计要素的关系处理上都能够达到高度和谐,保持设计上的统一性,其注重版面的细节变化,最终构成具有极高审美价值的整体。其版面中文字的编排方式统一整洁,内容明确,呈现给读者一种无障碍的阅读体验。

4. 主次关系的融合

书籍版面是一个有限的空间,文字编排就是将书籍的文字内容在其版面空间中进行合理有效的排列分配,建立主次关系,使读者视觉上保持平衡感,从而在有限的版面空间使视觉表现力最大化,进一步引导读者视线。

设计师通过文字编排来划分版面的主次关系,其将重点的文字内容进行特殊的设计处理即构成版面中的主要空间,如字号色彩上的强调、将文字置于版面中最佳视觉区域形成视觉焦点等。除此之外,设计师还会在剩余版面区域中对文字编排组合,削弱其视觉表现效果构成次要空间。版面中的"主"与"次",

两者之间相辅相成，从而保证文字段落在书籍版面中的有机结合，从整体上还具有协调统一的视觉效果。通过文字编排而形成版面的主次关系，有利于突出重要的文字内容，能够快速抓住人们的视线将其吸引到主要文字信息中，引导读者视觉由强到弱地有序流动，避免在阅读过程中造成视线流动上的混乱，从而传递给读者视觉舒适感。

虽然版面中的主要空间是视觉的最佳区域，但次要空间也需要得到同等的重视。正如在传统美学中所常提到的"计白当黑"，版面中的主要空间的视觉效果是借以次要空间来衬托的，只有精心地处理版面中的次要空间，才能够更好地体现版面中主要空间所想要呈现的视觉效果。其中，次要空间不仅包括在文字视觉效果上弱化的部分，还包括在版面中的留白设计，如果整个版面文字过多、填充过满，就会给读者一种压迫感，容易产生视觉上错乱，甚至很可能使读者感到厌烦。而留白则使版面形成意境的韵味，能给读者营造想象的空间。

二、文本设计中的文字创意编排

随着信息技术的发展、新媒体的诞生，传统媒体发生变革，设计法则也随之出现变化。文本设计在新环境下，也将出现全新的内涵。立于传统技法之上，结合新的表现形式，将文本中的文字合理有效地进行编排，可以更有效地传达书籍内容。

文字编排直接影响着书籍版式的视觉效果，设计师应当着重地考虑文字编排在整个书籍版式中所应占有的设计比例，通过文字版式的创意编排，使书籍的版面效果轻松明确，引导读者形成正确的阅读顺序，在保证读者能够进行有效阅读的基础上，再利用文字编排设计的多变性，增强书籍版面的视觉效果。

（一）字形编排

字体和字形的概念常被人们混淆，其实，字体是一整套具有具体大小和风格的字形，新媒体艺术非常注重字形的易读性和兼容性。

所谓易读性，是指字形间的配合必须清晰可读且具有整体性，字形的巧妙运用可以丰富文本的节奏变化，目的是更好地突出主题。同时，对字形的字距、行距、字间距的合理调整能使其更好地为读者服务。字形作为设计要素，必须要和其他要素密切配合。如某书籍内页采用了 Heiti SC、Work Sans、Wawati SC 等无衬线字体，既注重字符间搭配的细节，也注重不同字形和字号之间的关系，其效果十分简洁清晰。

所谓兼容性，是指电脑与电脑间是否能显示同一种字体，即是否都安装了同一种字体，如设计者使用了一种特殊的字体，若另一台电脑未安装此种字体就会默认选择一种字体进行显示。为避免这种情况的发生，设计者往往会选择比较通用的字体，如选择黑体、宋体、楷体、Arial、Courier、Times New Roman 等字体来进行设计，但这就给书籍装帧带来了千篇一律的现象。实际上，书籍装帧要从读者的角度出发，在字形的使用上虽然要遵循一定的使用规则，但这并不代表任何情况下都要这样。在书籍装帧中合理运用字形的变化可以使字形所传达出的情感更好地贴合设计主题。

（二）字号编排

字号有三种标准，欧洲常用"迪多点"（一个迪多点为 1/72 英寸），英美常用"点"，Adobe 公司与苹果公司也有专用的"点数"单位（比英美常用的点要大一点）。2002 年，苹果公司将自创的 Garamond 字体改为从 Adobe 公司定制的无衬线字体 Myriad，新字体的字号更符合电脑的显示，这样的优化设计使人们越来越习惯使用电脑或移动设备上的字形与字号。

在书籍设计中，字号的确定取决于读者、材料、内容、目的、版式等因素。由于调整字号的大小在电脑中很容易做到，这使设计师可以有更多的尝试，当设计师选用同一度量单位时，页面排版会像音符一样协调、融洽。一般来说，18 磅适合章节标题大小，但用于副标题稍大；用 11 磅当正文太大，用 7 磅又太小，为解决这些难题，我们需要在这些尺寸里根据比例增加新尺寸，比如增加 1/2、1/3、1/4 等，这种尝试在新媒体中就很容易实现。

现实中，大多数设计师会凭肉眼观察屏幕上的字形大小，凭直觉判断打印结果，这样必将造成偏差。所以在书籍装帧中，当设计师运用不同磅数和粗细的字体来编排时，应结合版式、栏数、字形多做几个调整方案，或预先打印预览效果会更好。

（三）字体的编排

书籍的版式与书籍最终的信息传达效果息息相关，而排版处理的好坏与整本书的质量息息相关。现代意义上的字体编排是 19 世纪 20 年代起由许多设计师与艺术家发展起来的，他们对字体编排进行了革新性的创新尝试，其中《新字体排印》中创建了现代和客观的字体编排规则，这对后来的设计影响深远。现代中国的书籍设计师一直注重对书籍的版式创新研究，并且有自己的风格和独特见解。

（四）文字的强调编排

阅读者往往无法在短时间内接受过多的文字内容，这就需要通过文字编排将主要内容信息进行特殊设计。比如采取段落首字放大或者选取主要的文字内容进行强调。一般使用的设计手法是放大字体比例、改变文字颜色、加粗、倾斜字体等方式，使其在整体版面中突出醒目，从而吸引读者注意力。不同的强调手法可以搭配使用，比如改变字体的色彩可以和放大字体比例一同使用，文字色彩的不同以及比例大小的差异都能赋予字体强烈的视觉冲击力，使版面整体丰富生动。但是需要注意的是，无论是改变文字的色彩还是比例大小都是为强调文字内容所服务的，如果滥用则会起到反作用，所以应少量有效地使用，最终才能达到想要表现的设计效果。

（五）文字的叠印编排

通过文字编排，我们可以将版面中各个文字之间以及文字与图形之间进行叠置，文字叠印是文字编排中一种设计手法，这种方式能够使其在整体的版面空间中快速的凸显出来，成为视觉中心。文字的叠印弊端在于增加了阅读的难度，但是适当使用能够使版面整体呈现独特的视觉效果，这也是一种特殊的设计手法。

三、文字编排在版式设计中的表现形式

随着现代读者的审美需求不断的提高，书籍版面中一成不变的文字编排愈发难以打动读者。设计师应丰富书籍版面使其具有趣味性以及强烈视觉冲击力。设计师可以通过文字编排的连贯性与节奏感、文字编排方式的变化形成的差异性、文字的有序排列和无序排列的结合等形式来对书籍版面进行丰富。

（一）文字的连贯性与节奏感

版面中文字编排的和谐统一，构成文字之间的连贯性，形成有效的阅读秩序，提高读者的阅读效率。将段落文字按照一定规则的对齐方式进行规整，并且合理调节段落文字间的间距，能够使版面效果整齐连贯，使这些文字符号呈现规律的节奏感。这样能够清楚版面结构，使内容条理清晰，有利于各个层次之间相互联系，使整体版面富有理性，从而带给读者流畅的阅读体验。

在版面中文字过多又缺乏变化的情况下，读者容易产生焦躁感，所以在设计时要使段落效果疏密有致。在连贯平稳的版面空间中，要让文字编排方式的变化形成节奏感，呈现张弛有力的设计效果。例如，在整个的版面中，将标题、

正文、补充信息按照等级区别处理，使其在版面中形成不同程度的跳跃感。一般来说，版面中的标题、副标题作为版面的视觉中心，都会以比例较大的字号来表现，此外，还可以对其施以色彩上的变化，加强版面的节奏感。相对标题文字而言，正文或者其他的补充文字之间则需要削弱对比效果，这部分文字在整体中的节奏感显得更为平和，这种平和的节奏感使版面更为稳重，提高了版面品质格调。

例如，《小罐茶》的品牌宣传册，在其版面中将标题、副标题、正文内容，以及辅助信息都在字体上进行区分变化，从视觉上能给读者一种递进的层次关系。标题字号比例放大，字体样式也更加粗重，达到突出醒目的效果。正文中段落文字对齐排列，使版面统一规整，节奏平缓放松，而对个别部分的文字进行强调，在视觉上产生对比，加强版面的跳跃率使其产生节奏的变化。如果书籍版式中文字编排方式过于统一连贯，则缺少节奏变化，呈现的视觉效果明显会被极大地削弱。

在书籍的正文内容中，文字编排所表现出的节奏感往往平缓低调，容易缺乏活力，而标题文字的特殊变化则呈现出夸张的视觉表现力，更加引人注目。因此，文字编排应在版面中产生轻重缓急的节奏变化，传递给读者丰富的视觉效果，为版面增添活力，表现出一种动态的设计美感。设计师正确地协调好两种不同的节奏变化，体现设计韵律，区分层次关系，相互制约融合，使版面具有独特合理的视觉效果。

（二）文字之间的差异性

文字编排方式的变化能使字体比例大小、字体样式、字体色彩、字间距产生差异对比，区分版面层次。字体风格样式不同，在版面中传递给读者的视觉感受也就各不相同，相对较粗的文字会给人一种厚重、沉稳的感受，较细的文字则给人一种精致、简练的感受。版面中文字之间字号比例的大小是最为明显的差异变化，往往应用于区别标题文字，与正文内容形成强烈的对比，借此表现出版面中夸张的空间关系，并且还可以结合色彩进一步强化差异对比。不同的色彩对比与文字结合会传达给读者不同的印象。但是，文字与色彩的组合，要考虑到整体版式的风格变化，用色过多则很可能产生杂乱感。如果每一处都要通过色彩进行强调，那就不能形成版面的差异变化，更无法突出版面的视觉中心传达重要的文字内容，等于没有强调。整体版面中，同类色彩使用过多，也会导致与文字的结合无法产生差异变化，无法形成版面的递进层次，使版面在视觉上较为单一乏味，容易造成读者的视觉疲劳感。

对于段落文字的编排，可以将单个文字之间以及段落中行与行的间距进行改变，从而传递给读者或轻松舒缓或紧凑的视觉感受。如果版面的文字过多我们可从选择相对稍大的比例的字间距，使整体版面显得放松饱满。设计师可从将版面中主要的段落文字行间距加大，并且选择不同于正文的字体样式，与其他的段落文字形成强烈的差异对比，便于读者迅速抓住主要的文字信息。

此外，对文字内容进行突出处理时，还可以有意识地缩小字间距，甚至使用文字叠印或者图文重叠，使其在版面中形成强烈的视觉对比，突出想要表达的内容信息。有意识地将部分文字间距缩短，与其他文字形成差异对比，能够快速有效地突出重要的文字信息。而将文字与图形两者放置于版面的同一位置产生重合效果，可以打破单一的版式结构，形成较为另类的空间表现。这些编排方式虽然在一定程度上会增加阅读障碍，但是这种差异对比却能在版面中形成强烈的视觉冲击力，表现出夸张的设计美感。

（三）文字的有序排列与无序排列组合

从传统意义上讲，书籍版面上文字的组合排列都是需要寻求版面的秩序美。而随着人们阅读心理需求不断地提升，规则秩序也不再作为版面设计的唯一衡量标准。文字编排方式的变化最终是为了使版面效果变得更加有意义，通过文字组合而使版面形成自由、无序、宽松的设计形式。不同于传统的版面格局，文字的无序变化能创造出新的形式美感，提高读者对文字内容的感知兴趣。

在对段落文字进行有目的性的组合排列时，设计师还需要注重所在版面中展现的视觉魅力，由于中文字体一般都是以"方形"字形而出现，文字段落也是组块的排列，所以，极易造成单一版面的平庸感。设计师可以采用文字段落的错位、交织、与图形结合等形式，打破版面的枯燥感，表现出风格鲜明、富有变化的版面效果；也可以强调书籍版式中部分段落文字，对字体样式以及比例大小进行设计变化，在不同的段落文字透明度上进行的改变并且将其相互重叠，甚至将文字放置于版心之外，使得整体版面富有特点，形成自由、放松的视觉效果。

文字编排如果过于讲求秩序性而缺乏变化，就会使版面呆滞乏味、没有活力，让读者感到无趣。反之，过多的变化而没有主要的视觉中心，就会给版面带来杂乱的感受，使读者视觉产生混淆，不利于接受文字信息。因而设计师要在有序中制造自由无序的变化，想要做到这点，最重要的就是符合一定的审美规律，在视觉上使读者感到舒适。文字段落有序和无序的排列相互结合才能使其具有变化的意义。

四、案例

（一）《设计诗》

朱赢椿的《设计诗》是前些年全民讨论热烈的一个现象话题。从设计的角度看主要是因为《设计诗》的版式处理对于读者来说太过于新鲜独特，甚至不可思议。其实《设计诗》的版式处理并不是"头一次"，20世纪初的法国艺术家阿波利奈就曾有类似的设计尝试，当然，在中文设计的语境下，设计师朱赢椿对中文排版革新性的做法及思考是具有启发和参考意义的。客观来说，书籍应该是易懂的、客观的、具备功能性和具有艺术美感的，《设计诗》通过对文字编排的解构与重组，产生了一种视觉上的新鲜感，也对信息的传达有了新的不同角度的理解，成功地影响了主流文化，并成为主流文化的一部分，这本书受欢迎的程度不亚于任何一本流行小说或时尚杂志。

（二）《金陵小巷人物志》

书籍设计师周伟伟的《金陵小巷人物志》是对小巷普通人物的"传写"。在书籍设计上，他运用小人物的日常生活景象来表现人物。书籍设计特点如下：（1）没有封面。书籍的设计就以书籍装订的第一页作为整本书的封面，打破了传统书籍设计的标准；（2）内页印刷材料选用的是粗糙耐用的牛皮纸；（3）三个切口也被打毛呈粗糙不平状态；（4）书名文字等信息模仿镂空铁皮喷上去的标语字的形式；（5）内文中用白色的喷涂突出了一些关键词；（6）内文中页码采用了不对称显示。

《金陵小巷人物志》整本书看起来非常低调，也显得非常质朴，这样的设计与书籍内容所要表达的"小人物"形象非常贴合。这样精彩的文字编排和版式设计呈现在读者面前是非常完美的。

（三）《说茶·茶识》（上册）和《说茶·茶事》（下册）

1. 以文字作为设计元素突出主题

书籍中章节的划分是为了使读者能够有清晰的阅读顺序。读者通过每一章节的标题文字了解这一章节所讲的主题内容。各个章节的标题文字也是书籍的一个设计亮点，其目的在于把阅读者的视觉注意力吸引到最重要的文字信息上，然后使其再进一步详细阅读。在书籍设计实践中，设计师对其各个章节版面的标题文字进行了特殊的设计处理，以便读者能够有意识地了解书籍各部分不同内容的区分。首先，设计师调整标题文字的字号大小，并将标题中大小比例不同的文字进行对比组合，使重要的部分能够凸显出来。上下两册中有不同的章节版面，其中标题文字选择的是相对较大的字号，来增强文字夸张的表现力，而在标题中各个文字比例也有着相应的调整变化，突出了最为主要的文字内容。

在文字的风格样式上，笔画的粗细不同所呈现给读者的视觉效果也各不相同，茶文化作为中国几千年的传统文化历经沧桑传承至今，所以标题文字选择较为厚重的黑简体，这种字体风格有一种力量感，简洁爽朗，能传递给读者一种沉稳、朴素的视觉印象，并且这种厚重感使整个标题文字都十分突出醒目，从而增强了版面的视觉冲击力。从色彩上来说，设计师在设计中主要是运用了有彩色与无彩色之间的对比来提高版面的塑造力。书籍上册黑茶篇，将想要表现的文字信息"边销茶"的字号突出放大，而其余文字信息则进行了色彩变化。设计师将标题中部分想要突出表现的文字适当调整字号大小比例并且结合色彩的设计变化，从而呈现出鲜明的对比效果。书籍下册奶茶篇则是将标题中文字"奶"与"茶"的字号放大并且结合色彩变化，既有效地吸引读者的阅读视线，也使沉稳厚重的文字线条变得更加个性活泼。

设计师将标题文字与图片相结合，以图文重叠的方式将标题文字与图形进行重叠组合，在下册日本茶道篇的设计中，设计师将标题文字与图形重叠，改变了单一的文字形态，通过两者之间的重叠而产生的遮盖混合的设计效果，使版面表现出一种另类的视觉空间。

总之，书籍的章节版面中标题文字是最主要的文字信息，也是最容易吸引读者的一部分，所以设计师要根据每一章节的特点对标题文字进行特殊的设计变化，使读者在阅读过程中不断地感受到新意。

2. 文字编排的多变性

通过文字编排方式多样性的变化，版面空间中各个文字段落形成了相应的主次关系，使读者在视觉上获得良好的秩序感。文字编排方式的多样变化使版面呈现出奇特的视觉效果，更有效地刺激读者阅读积极性。

本书设计不同于常规类书籍的翻阅方式，其区别在于书籍左右的两页面为不同的两部分内容，书籍的右页面为统一相连的内容。例如，《说茶·茶识》上册的右页面是中国六大茶系的主要内容，而左页面是对相关章节的茶类中各个茶品种的介绍说明。

《说茶·茶事》下册右页面为这本书的主要内容，是有关茶所在各个不同地域所具有的不同特色，而左页面为历代以来文人茶客所做的相关茶的诗词歌赋。这种版面布局是以书籍的右侧版面作为主要的视觉区域，因而文字编排的变化以及细节上的设计相对较多，而左侧版面文字排列则相对简洁。这种设计方式一方面主要为了书籍整体版面能够达到视觉上的平衡。设计师以左侧版面的留白空间来营造透气感，从而避免在追求丰富变化的同时，使读者感到版面变化过多而导致的拥挤，影响视觉效果。另一方面，左右两版面之间的强烈的对比效果更有利于突出主要的文字内容。

在文字的排列方式上，左侧版面中的文字采用竖式排列，显得古朴简洁。实际上对于现代人们的阅读习惯而言，这种竖式的排列会使读者有些不适应。因此，设计师特意在其标点符号上进行了设计处理。比如，通过色彩及字体风格样式的改变使其突出，以便读者分句阅读，并且将补充说明部分文字内容的字号减小，将其色彩明度降低，来区别于右页面的正文内容。右侧版面作为设计重心，不同的段落文字利用字号的大小、色彩变化，以及字体的风格样式等差异来进行区分，形成视觉上的错落感，从而在文字过多的情况下，突出重要的文字信息。

设计师将右侧版面作为书籍的主要内容，在其中建立一个清晰的阅读视线，将不同的段落文字内容按照主次关系进行设计编排，表现出版面空间的层次感。在字体风格上，主要的文字段落选用黑体字，结构严谨、具有一定的时尚感，结合每个章节特定的色彩，从而迅速引起读者的注意力。正文部分的文字较多，宋体字表现得更为纤细雅致，手写感更强，有利于读者平静阅读。而版面中作为辅助补充部分的段落文字，选用的字体风格则简洁意趣，字号以及版面的占用面积也相对较小，以削弱其视觉表现力。

此外，版面中的另一个设计特点体现在重要段落文字部分。设计师对此书的设计除了着重色彩的结合以及字体风格的差异外，还将段落文字进行了倾斜变化，改变其字间距，有意识地缩小了字与字之间间距数值，从而产生了文字的叠印效果。这种文字的叠印与倾斜变化虽然降低了文字的辨识度，但是少量有效的使用，配合增大其行间距所呈现出来饱满、独特的视觉效果也为版面增添了活力趣味。版面中，文字编排方式的多样变化区别主次，营造出空间的层次感，设计师尝试突破一些固有版式的束缚，增添丰富性以及表现张力，使其呈现出鲜明的视觉效果，有利于读者获得最合理的视觉印象，自主形成清晰的阅读秩序。

3.文字编排与主题内容相结合

根据文字编排方式的不同，书籍内容的表达效果也就不尽相同。要想以一种合理的编排方式将书籍的主题内容传递给读者，那么，书籍版式中文字编排方式的选择就需要从不同方面来考虑。首先是书籍的主题内容，其次要结合定位人群。本书书籍的主题内容是以茶文化为中心，介绍中国的六大茶系、不同地域和国界中茶的特色等。随着时代的进步与发展，中国的茶文化也不断地创新变化。例如，现在市场上炙手可热的小罐茶，面向的就是年轻时尚的大众，其改变了传统意识中对茶饮的认识，从而获得消费者的青睐。

因此，本书设计定位的目标群体为30~35岁阶段的读者，想要使目标读者更容易接受茶文化，就需要更多地考虑到他们的阅读心理需求。这一年龄阶段的大部分读者具有个性化心理需求，追求时尚、探索创新、求新求异。因而，设计师在设计时就要通过文字编排方式的变化，使主题内容具有吸引力，更好地将其传达给读者。

为避免编排方式的差异变化而使版面显得杂乱无章，设计师就需要在变化中保持整体的统一性，如书籍的封面、封底、勒口、目录页等组成部分也需要具有风格的一致性。书籍设计中上下两册的目录页，其文字编排方式与书籍的整体设计风格应保持统一。封面版式中的文字编排不仅要对其外观形态上有所把握，还要考虑其是否能够反映书籍的主题内容，成功有效地吸引读者的阅读视线。绿色为茶的本源之色，设计师书籍上册的封面设计中，因而在色彩的使用上以绿色作为主色调，在字体形态上，标题文字与其余部分的文字不同，增加了一些圆角的变化，在规范严谨中使人感受到柔和自然。上册的主要内容是有关六大茶系的茶类常识，结合内文版式的设计风格，封面的文字的编排方式以竖式排列为主，显得更古朴雅致。书籍勒口处进行了文字的强调，避免了封面版式文字过多而造成的呆滞无趣。上下册为保持风格的一致性，对勒口以及版面中次要文字的编排方式做了改变。下册书籍的主题内容比上册更广泛，如不同地域的品茶特色，以及茶文趣事等，所以封面版式中文字编排呈现的视觉效果表现得更为随性、自由，使封面的设计风格能够更符合书籍的内容特征。

该书以文字为主要的设计元素，通过文字编排方式的多样变化，产生不同的视觉效果，最终使茶文化书籍更为符合目标读者需求。

总的来说，在书籍设计中，色彩和图形元素最具有表现力和感染力，而文字的设计与编排却被设计者所忘却。实际上，文字相较于色彩与图形而言，所考虑的因素更为复杂，比如，过多的文字信息产生拥挤感、单一的版式使读者产生视觉疲劳，而过于空旷的版面也会形成单调的视觉心理反应。这些因素都要求设计者充分把握读者阅读心理需求。书籍版面通过文字编排方式组合段落文字，调整文字大小比例、疏密关系、空间层次、节奏韵律的变化而呈现出丰富的视觉感受。恰当的文字组合所呈现的视觉形象能使读者身心愉悦，这才算是达到了设计的成功。

设计终究是为读者而服务的，不能只为设计而设计，应更多融入读者的阅读心理需求。文字编排方式的多样变化，能营造出空间的层次感，突破固有版式的束缚，增添丰富性以及表现张力，有利于读者获得最合理的视觉印象，自主形成清晰的阅读秩序，提高读者的阅读效率。总结而言，文字编排方式的多样变化使版面呈现出奇特的视觉效果，更有效地刺激读者阅读积极性。

第四节　图片版式的创意编排

一、图片在书籍装帧设计中的基本表现

（一）人类交流的语言工具

语言是人类最重要的沟通交流的工具，人们使用语言传播、传承自己民族的文明。语言是民族的重要特征，每个国家都有自己的本土语言。不同的国家有不同的语言，人们需要通过学习两国之间相互的语言去了解相互的文化，而图片却能更好地帮助相互不通语言的两国人民进行交流。尤其是在现代，地球如同一个地球村，各种国家都在频繁交流和相互沟通，实现贸易的往来。文化的交流与学习要通过语言进行，而文字语言的不同也使得各国彼此的交流产生一定的困难，这时，除了学习通用的交流语言外，图片便是一个非常便利的交流方式，是可以让各国彼此之间沟通的非文字符号的一种语言符号。不管人们来自哪一个国家和民族、是什么肤色、说什么样的语言，通过生动形象的图片，便可彼此交流和理解。所以，图片的传播和运用也越来越具有国际化特点，也被认同为一种国际的交流语言。既然图片是一种国际的交流语言，设计师在设计图形的视觉语言时，就应根据国际认知建立其统一的图片的意义。设计出国际化、可以达成共识的图片虽有很大的难度，但同时也有重大的意义和内涵，否则只有自己本土的民族的人们才能看懂的图片，是难以让国际去接受和认可的，这样也便失去了图片本身最大的艺术价值。

（二）体现精神意义

历史告诉我们，文字的最初的记载是由图片来编制的，图片这种特殊的文字记载呈现出古人们的智慧结晶以及历史文明古国的繁荣昌盛与兴衰。如果我们把这些图片贯穿成一条线，记载的载体便成了书籍。我们要对这种具有美学特质的符号进行现代设计概念的再设计，对这些具有历史意义和内在含义的图

片加以创造，使之成为当代书籍装帧设计应用中的新的生命力。在对这些具有中国传统特色的图形进行现代再设计和利用时，设计师需要从文化底蕴和审美需求这些方面，形成与所设计的书籍内容相融合的现代书籍设计的应用。这需要设计师们去了解图片的各种要素，需要深刻地理解图片的内在含义，在此理解的基础上设计、运用，并融合到书籍装帧设计中去，以此来表达传统与现代的融合。如此，不管是从形式到内涵，还是到精神的创造性结合，必定能传播民族文化，让我们热爱自己的民族，让世界了解我国的民族文化特色。

我国书籍装帧的设计一直与传统文化的熏陶分不开，但同时我们也要认识到，使用现代书籍装帧形式更符合现代社会和科学发展的动力需求。在书籍装帧设计中，图片是一个重要表现元素，书籍装帧的设计师立足不同类型书的属性和用途，并根据目标受众对象划分，对书籍中的图片进行与色彩、文字排版的方式有机结合的设计，来显示书籍丰富的内容。从远古发掘出的古董实物来看，当一件件曾被历史埋葬的文物，在掩埋了很长岁月后又重新绽放出它极具历史价值的光彩，并给现代人展现出它独特的魅力和文化技能时，我们不由为古人的智慧感到震惊。从许多出土的陶器上的那些完美的图片的刻画中，我们可以看到古人们的惊人智慧，这是值得全世界的人们去学习和研究，是值得再次保护和发展的。从这一点我们完全可以看出，艺术设计出发的起点与人类的起源有着一定的连接，是从人类为了生存而劳动、为了劳动而制造工具开始的。任何艺术设计的实用性和创造性都是艺术设计的时代评价标准中最重要的基础，所以这种看似简单的线状书的装帧方式也并非随意的装帧方式，是经过了劳动人们的深思熟虑和多年历史的经验而精心设计出来的可实用的劳动产物。不管是从色彩的搭配方式还是材料的应用选择，以及图案符号的编排，都蕴藏着丰富且深厚的中国文化底蕴。要知道常见的设计实用性和审美艺术追求的物质和精神需求是人类文明、文化起步的一项基本原则，也是物质文明与精神文明的共同需求。在追求实用性的基础上，人们对实用性需求上的审美要求也逐渐开始关注，此刻便是对精神文明的提高。因此在数千年的历史的发展进步过程中，书籍装帧的设计在考虑实用的同时，对审美需要也逐渐重视，其对书籍上图片的创新在设计上的运用也标志着书籍设计有了历史性的创新。

（三）书籍装帧中图片的民族化

将中国图片这种中国式的元素融入书籍装帧设计中去，必然是为了弘扬中国的传统文化，使我国的书籍装帧呈现民族化特色。因此为了突出民族化，在书籍装帧设计中，我们首先要做的就是突出设计主题。我国的书籍装帧设计结合了五千年的中国历史，经过多年的发展和变化，呈现出特有的古朴、简洁、淡雅的装帧设计风格。作为当代中国的书籍装帧设计师，必须做到将中国特有的文化底蕴在设计中展现出来。我们可以把中国传统文化的书法、水墨画、刺绣等一系列体现民族化的形式，都作为一种书籍装帧设计的形式，应用到书籍装帧设计领域中去，与加以再设计的图片元素相结合，起到画龙点睛的作用，呈现出中国特色的装帧风格。随着全球的经济的发展，在国际化设计风格的影响下，我们忽视了本土民族文化的特色之处。实际上，不同的民族文化特征融合在一起才有了国际化。书籍装帧的设计师们要把握住书籍装帧设计的真谛，将传统的图片恰当地运用在书籍装帧中去。

设计师们要通过图片的应用将中国传统文化贯穿始终。20 世纪 80 年代初期，伴随改革开放，西方发达国家的一些设计精美的产品，包括书籍装帧设计正式地出现在我们的面前。那些大胆夸张的色彩编排、变化多端的样式设计一度深深地吸引着读者和设计师们的眼球，让国内的设计师们赞叹不已并为之震撼，随之便迫不及待地吸收、模仿和借鉴。此时人们对于外来文化缺乏深入的研究和分析，仅仅是参考和模仿，只能说是从表面形式上过多地复制西方书籍设计形式，没理解其真正的含义所在。一时间，风格"浓妆艳抹"的书籍装帧纷纷上市，极大地影响了具有优雅品味的中国书籍装帧设计。

随着时间的推移，经过一番沉思的本土设计师们意识到了中国传统文化的重要意义，让越来越多的书装设计作品再次承载起中国本土的传统文化，将盲目地跟风模仿和借鉴西方的装帧设计风格转变为学习和运用西方一些形式的处理方式。如今，我们的设计师要能够了解西方的文化，比较研究中西方的艺术差异，合理地吸收外来文化，传承和发扬我国民族的优秀的传统文化，并把极具代表性的中国特色的图片语言带入国际，让世界去了解中国的文化。

二、图片在书籍装帧版式设计中的创意编排

图片以其独特的形象创造力和视觉冲击力在版式设计中占据着非常重要的地位，它所具有的直观表现性使它的视觉吸引力要远大于文字。在主题思想的传达方面它具有直接、清晰明了的特点。在当代的版式编排中，图片越来越多地占据着版面的重要位置，它的视觉创意、表现力、信息传达有效性、在版面上的位置安排、与文字的搭配等决定着整个版面设计成功与否。

图片是在版式设计中简单易懂并且起到增强画面感、美化和丰富版式设计的特别元素，它能够使单一的文字排版活跃起来，成为文字视觉联想的主体，并能扩展读者阅读时的想象空间和形象思维。

（一）图片的分类

1. 按照图片的可视性分类

图片的可视性极强，可被分为如下几类：（1）说明类，如照片；（2）装饰类，如插画、图形等；（3）强调氛围类，如与文字相结合后能够特别表现意境的图片。

书籍借助可视化的图片，能强化读者在书籍阅读时的感受。

2. 按视觉传达分类

视觉传达中的图片可被分为两大类。

第一类是具象图形，这一类的图片是对大自然中各种形态较客观的归纳，能较真实地反映自然界中各种形态的美。它的优点是能直观地反映描绘对象，信息传达准确、直接，人们在观看时不需要在大脑里进行联想就能清楚地认识到图形所表现的内容。其主要表现技法有写实绘画、写实摄影。像我们的产品广告和产品说明、各种书籍报纸杂志中都有具象图片的版面设计。

第二类是抽象图片，是以点、线、面组合设计的图片，是从客观的自然物象中抽取提炼出其具有代表性的本质属性而形成脱离自然痕迹的图片。这类型的图片是通过色彩、图片肌理、质感等传达给人们视觉感受和情感体验。设计师可以将写实的绘画图片与抽象的点线面作结合，或者是使抽象的图形中包含写实的摄影等，这些丰富多彩元素的运用会使版面形式感更强、妙趣横生。

（二）图片的编排

图片的编排使用直接关系到了能否与其相关文字内容的节奏相匹配，设计师在设计过程中也必须考虑到图片的表现形式，如图片在版面中所占的空间、比例，以及图片的数量、多图之间的组合关系等。图片的大小能够直接反映其细节的展现，大而清晰的图片具有张力，吸引视线的同时能让读者第一时间对图片内容做出反应；较小的图片虽然传达信息的能力较弱，但能给人精致的感觉，在视觉流中具有视觉导视、提示或装饰的作用。图片的组合能将单一的图片重组成为新的图形形式，在版式设计中具有多重的说明作用，也能更好地对内容本身进行对比、调和及强调，发挥图片在书籍版式设计中的重要作用。

1. 图片的大小与数量安排

在书籍装帧创意设计中，书籍内容中涉及的图片大小和对图片数量的运用，能够影响到阅读者对整个版面的视觉效果，从而影响其阅读效果。因此图片大小和数量的版面编排，能够决定整个书籍装帧设计的风格。

占据版面较多的大图片一般可被用来塑造版式风格。一般而言，对比较大的图片进行运用可以展示更多的内容细节，能够吸引阅读者。对于阅读者来说，视觉感染力越强。越大越清晰的图片，越能使读者在第一时间清晰判断出图片里的信息并迅速地做出回应。

较小的图片在版面设计中信息传达作用略逊于清晰的大图。书籍中运用小图片，可以起到版面中提示性或装饰性作用，也可以使其成为大图片的补充说明，成组的小图片也能给人以小巧精致的印象。如果在版面设计中有大量留白，中间放着数量极少的小图片，整个版面就会有高雅简洁之感。

2. 图片的组合形式

书籍装帧设计中对于图片版式的编排，还可以采取组合的形式，这能够丰富书籍文字的意义，给读者更加深刻的视觉体验。

图片的组合形式有如下几种。

（1）并置式。用电脑图片处理软件或手工技法将两张或以上面积基本相等、信息内容一致的图片并列放在一起，这种并列放置并不是两个方块图片的简单组合，而应是对其修饰外轮廓后将其组合成新的形式。

（2）互补式。这种组合里的图片面积大小不一致，色彩也可能有区别，因而呈现出很明显的主次图片区别，次要的图片应衬托主要图片，形成绿叶烘托鲜花的组合形式和信息顺序。

（3）适合形。图片组合具有外形的适合关系，将一个或多个图片嵌入另一个图片中，既保留了各个图片的信息，又使其有一个新的形象。

3. 版式中的图片网格设计

网格设计就是运用数字的比例关系，通过严格的计算，把版心划分成为无数统一尺寸的网格。网格能有效地构建设计方案，划分元素并分布区块，从而使设计师更好地掌控版面的比例和空间感。

网格体系能十分精确地编排版面上的视觉要素，它可以确保文字块、图形、图片与页面空间之间比例的准确性，将图文有序地整合在统一的设计中。

设计师在对版面进行编排的时候，很大部分都是靠自身的专业经验或感性设计能力对视觉元素进行安排。这样去处理版面时，版面中难免会透露出些许的随意感。也可能有时候设计师对版面没有好的编排想法或计划，这时网格体系就会派上大的用场。它可以在版面原有的基础上将各元素更加规范地进行控制，同时给书籍装帧设计带来新的设计灵感，使设计呈现出有比例的美感。如此，变化的版面中就会暗藏着规范和规律性，会给读者一种精致、工整、高品质的心理感受。

在进行网格设计时，设计师首先要确定版面的主要结构，设计一个大概的图文框架，将版心、页边距的尺寸设定完成。如果是书籍，那么就要先根据书籍的版面设计标准定好上下内外页边距的变化，使整个书籍装订好后翻阅起来十分合理。

网格版式设计可分为正方形网格、长方形网格、重叠网格。设计师可以将设定好的版面等分成均匀的水平和垂直的方格，在版面上按照预先确定好的格子为图片和文字安排位置和大小。

对于网格设计在书籍装帧版式设计中的运用，也可以将其分为对称和非对称网格两种类型。对称网格可以缓解全篇文字版面的枯燥感，也可以将文字和图片跨栏放置使图文比例关系有所变化；非对称式网格一般用于宣传册等版面较灵活的载体，其能够打破对称的格式，强调页面既有规范又随性的视觉效果。

4. 版式设计的图片处理

书籍装帧设计版式设计中的图片处理，主要有角版、挖版和出血版等形式，通过这样的图片处理，可以使书籍呈现出独特的品质感，打破传统书籍装帧的规范设计，体现出书籍设计的活泼、灵动的特点，给阅读者留下深刻的印象，能够在有限的时间内快速吸引阅读者的视线。

在当今的版式设计中，视觉形象或是简洁明朗以使主题鲜明突出，使阅读便捷，让读者迅速留下深刻印象，达到信息传达清楚明了的效果；或是用新颖的视觉风格刷新大家的视觉体验，刺激眼球满足大众求新求异的审美，充分发挥版面的艺术感染力，起到信息的传达效果。当然，不管哪种选择都要以读者的阅读心理感受为依据，才能设计出既有艺术审美又能被主流大众所喜爱的作品。

第五节　图文混合版式的创意编排

一、版面设计中图文混合的表现形式

(一) 诉求多样性

1. 融合书籍设计中的形态构造

书籍装帧版式设计中很重要的一点设计要素就是对书籍形态构造的设计构思。书籍装帧图文形态构造设计，不仅仅是一种只为书籍外在表达做艺术支撑的设计种类，更多的是作为一个持续全面、融合创新的设计过程，体现出书籍装帧设计的完整内在气韵。书籍装帧图文形态构造设计的艺术美感，并不是固定不变的，而是处于一种动态融合的发展过程之中。书籍装帧图片构造设计属于丰富多元、多角度多要素的设计体系。图文形态构造从来不是封闭不变的设计形式，它需要更多种类复合的艺术设计因素。

形态构造设计更多的是要求设计者不断向设计中融合加入更多的艺术美学设计方式，辅以更加高超先进的制造工艺技术。设计师只有注重图文美学、技术等要素的融合，才能够设计出优秀的书籍形态构造。如《不止这些》这本书籍中独特的图文展示。设计师通过在封面打造一个门的形象，使得读者打开此书的过程仿佛就是一个进入更广阔的世界的过程。这正好契合了本书的主旨："年轻人在生命历程中充满诸多不确定性，但是生活远非你经历的这些。"

2. 享受图文带来的感官体验

书籍作为一项综合的艺术设计系统工程，所具备的功能并不仅限于文化知识传播，而且还具备了给予读者丰富感官体验享受的"角色设定"。一本优秀的书籍在被读者阅读时，不仅可以给予读者知识文化的熏陶，而且还可以凭借书籍自身优秀的装帧设计，给予书籍阅读者多方位的感官体验享受，如视觉感受、触觉感受等。在书籍装帧设计中，如果可以成功地把质感不同、肌理触感也不同的材料与现代工艺更好地融合为一，把图文混合版式的创意编排运用其中，就能在很大程度提升书籍本身的美学水平，而书籍的阅读者也可以得到多种美学层面的艺术享受体验。如《象罔衣》这本书利用材质的触感、油墨的墨香、图文版式的衬托，突出"象罔"的内涵让读者在了解我国服饰的发展过程中，尽情享受"象罔"之情。

3. 调整读者的阅读节奏

读者阅读书籍的节奏快慢和书籍中图文编排有很大的关系，读者可以根据不同书籍图片和文字编排的方式，调整自身的阅读时间。

其次，书籍设计中的图片和文字可以带给读者视觉体验，从而使其形成不同的阅读节奏。书籍中图文的疏密和空间上的不同安排，会影响读者阅读书籍的节奏急缓。

另外，随着科学技术的提升以及现代化信息发展，图文混合版式的书籍编排出现了更为丰富多彩的方式，现代图书图片大于文字的编排设计越来越多，这样的书籍能够传达出更加丰富的信息，也能给读者留下遐想的空间。

4. 愉悦读者与书籍之间的互动交流

日本书籍装帧艺术家曾说过：当一本书被读者翻阅时，其实从本质上讲是一个书籍与读者互动交流过程。读者翻动书籍的动作本身，就是一系列功能感官被不断唤醒的过程，读者身体的触觉、听觉、嗅觉、视觉都会被阅读书籍这个动作本身而带动。各种不同书籍装帧所采用的不同材质，不同的图文混合创意编排方式，最终会给予读者不同触觉感受。例如，细致柔滑的书籍材质可以给予人一种快乐的审美体验，读者手中的书籍触感也会随着翻阅的过程而发生变化；此外，书籍页面被翻动的时候，书页碰撞摩擦所发出的声音会给读者一种别样的听觉感受。

书籍的装帧排版、结构设计、色彩搭配、图文混编都可给予读者最直接的视觉感受体验。读者阅读书籍的过程中，书籍会反馈其多种多样的官能感受，这本质就是书籍设计与读者的互动交流过程，而这种互动交流的愉快感受可以提升书籍在审美功能中的美学境界。如日本书籍设计师渡边千夏设计的《今日零食》，其采用手绘图的方式展现食物制作过程。读者在阅读的过程中，通过观看插图，仿佛身临其境，亲自参与到了食物的烹饪过程中，增加了自身阅读的愉悦体验。

(二) 图文表现形式多样性的基本功能

1. 传递信息

从古至今，书籍的存在使知识得以普及，文化得以延续。因此，确保书籍能高效地传递信息是版式设计中至关重要的一部分，体现了版式设计的重要性。在日常生活中，当我们翻阅到一本纯文字的书籍时，有时会迅速丧失阅读欲望，因为枯燥的版式设计会使知识变得乏味，无形中降低了信息的传递性。因此，设计师需要通过对文字与图片的版式设计，使书籍变得富有趣味性，对读者产生吸引力，并有效引导读者阅读书中的内容，从而起到传递信息的作用。比如，在日常生活中，儿童往往更喜爱图片多、色彩鲜艳的书籍，无论他们是否能读懂书中的内容，单在视觉上看，色彩鲜艳的书籍会更具吸引力。这就像一个人的"内在美"与"外在美"，书籍的内容是内在美，书籍的表现形式是外在美，对于儿童来说，即使读不懂它的"内在美"，也能通过表现形式领略到它的"外在美"，从而对书籍里的内容产生兴趣。

由此可见，除了内容的重要性之外，多元化的表现形式也很重要，多元化的表现形式会迅速吸引人的眼球，有助于读者感知书中的内容，将其形象化，并对其产生深刻的印象。

2. 引导读者积极性

多元化的表现形式可对书籍中的重点内容起到积极的引导作用。在一本书中，编写的内容会有主次之分，对书籍中的重点内容予以积极引导，有利于读者对知识的学习和理解。例如，对于中小学生而言，课本里的重点与考点是极其重要的，为此，他们会使用各种颜色的中性笔与荧光笔，对重点与考点进行标记，以辅助自己的学习。一本不经设计的纯文字书籍，很难让读者从中区分出重点内容，甚至对其阅读产生阻碍。为此，设计师需要通过多元化的表现形式来引导读者的视觉流程，引导读者的阅读顺序，使其能合理有序地进行阅读，进而达到将书中的内容传达给读者的目的。

3. 启发读者主观性思考

俗话说"酒香不怕巷子深"，好书、好的内容，不会怕没有读者，这个说法一直被大众所信仰，但随着信息内容愈发繁杂，粗制滥造、品质不一的书籍类产品层出不穷，好书很有可能会被淹没，这就需要设计师利用一些"手段"增加读者与书籍之间的"黏度"。人们常说"没有结局的故事的结局才是最美"，就像现在电影或是小说，都习惯在故事结尾为读者留下一个开放性结局，引起读者的无限思考与遐想，让读者在不知不觉中进行主观性思考。这个原理在版式设计中也同样适用。设计师在构建整个视觉体系的过程中，通过对字体、插图、颜色等设计元素之间关系的多元化的设计，最终引起观者共鸣思考，达到意犹未尽的感觉。例如，现代著名书籍设计师朱赢椿先生设计的《虫字旁》一书，其在书籍封面的设计中，将书腰与封面合二为一，中间重叠部分留下了一条小小的缝隙，需要读者掀开来看，能够看到里面其实藏了几条小虫子的插图，若隐若现，无形中增加了与读者之间的互动，丰富了阅读的趣味性，当读者拿到这本书时，第一时间就会被书籍封面的特殊设计吸引，继而引发一系列的思考。由此可见，丰富多样的版式设计会在无形中引发读者主观性的思考。

二、书籍版式中图文混合的创意编排

（一）版式设计中图文的编排风格

1. 古典式

最古老的版式在五百年前就出现了，是以德国人古腾堡为代表的古典式版式设计，古典版式设计风格在版式设计的历史上统治了欧洲将近数百年的时间。古典版式设计表现为以订口为轴心的左右两页对称的形式，对页面上的字距、行距、比例甚至文字油墨深浅等都有严格的规定。其"纪律式"的美感也在现代一些出版物中被继续延用。

例如，英国的《诗歌之路》，在版式中采用对称的构图，有着充满设计感的字体以及浪漫、精致的装饰纹样，主次分明，节奏感强。其倡导的古典式版式设计风格被许多设计师沿用至今。

《世界汉学》封面版式设计中利用汉字的虚实结合，以汉学世界四字为实，又在左右两边利用纤细的文字设计使其变虚，形成虚实对比，增加了版式中的层次感、空间感。该书字体运用了对称的排版方式，这种排版形式给人一种稳定、严谨、整齐、秩序的感觉，简单而又不显呆板。

2. 网格式

如前所述，文字所表现出来的特点，对构建书籍版式设计的美感起着重要作用。文字除了具备传播文明的功能之外，还具有独特的审美价值。

图片也是书籍版式设计中重要的视觉元素，图片能够起到对文字内容的解释作用，帮助读者理解书籍内容。同时书籍装帧设计中的插图也能够装饰和美化图书，便于读者观看、阅读，并留给其丰富的情感体验，还能够使图书内容便于识别。在进行书籍设计时，有效合理地运用图片，通过图片自身强化表达的视觉特性，不仅可以加深读者对书籍内容的印象，而且图片传递出来的趣味性和易识别性也加深了读者对书籍的感受。

网格是保障设计元素间有序组合的基础，如何将文字与图片合理地放入网格空间中，在保持理性控制的前提下，使整个版面变化丰富、灵活而具有视觉美感，就需要设计师充分考虑设计内容和视觉元素的重要性。例如，游戏娱乐类出版物的内容设计广泛，设计师在使用网格设计时可采用比较传统的网格设计方式，使众多细小的元素得以有序排布，同时对视觉元素进行组织排列时，也保持了版面的稳定，给人严谨又高科技的味道。

将文字放置于网格设计中进行设计时，需要充分考虑网格设计的栏宽，网格设计中文字太大或者太小都会影响阅读质量，容易使读者产生阅读疲劳感。网格设计者通过设置好的单元网格个数，很好地解决了文本过长或过短的问题。在进行书籍设计时，文本过长容易让人产生视觉疲劳，文本过短则会因为不断换行分散读者注意力。因此，设计师可以采用多种方法对文字进行编排，如在文字较多的版面可以利用留白这一设计手段。同时，通过在网格内对文字的不同编排方式，还可以使整个版面更加灵活，具体的编排方式要根据具体情况来定，不过总的来说都是利用模块式网格对版面文字进行编排的。

网格设计中的图片对增加书籍版面趣味性、整体性发挥着重要作用，图片置于网格设计中可以是半列、一列或者两列，还可以通过打破网格以增加戏剧效果，从而引起读者对图片的关注。同时网格设计中图片的大小也很重要，网格设计是与数字严格相关的，所以网格设计是一种精确、严谨的设计手段。网格设计可以将图片精简到几个相同的大小，也可以通过放大个别图片来凸显内容的重要性。网格设计中的图片可以有插画、手绘制图、图表等，将不同的图片放置于网格空间中的处理方式基本上相同，对于没有明显边框的图片，可以将其放置于网格中进行裁切，并配以浅色调的背景；相较于没有明显界限的图片来说，有明显界限的图片处理起来要相对简单一些，一幅几何形状的封闭式图片通常能更好地被融入网格和文本之中，如果置入的图片与文本栏的宽度相同，那么就更容易与文本一起融入网格设计整体中。网格设计中图片的尺寸和形状并不是最主要的，重要的是如何组织图片并将它们融入整个网格设计中，使画面在保持清晰、有序的同时还具有视觉美感。

这里，我们再以《戏歌传情》的书籍版式设计为例，因为该书籍涉及大量的图片和文字，所以设计师采用了模块式网格进行设计。为增强书籍的版面灵活度，展示更多不同的编排方式，模块式网格的数量被定为三十二格。在书籍版心设置上，版心到四周的距离分别为：天头到版心距离 1.5 厘米，地脚到版心距离 3 厘米，切口到版心的距离 1.5 厘米，订口到版心距离 2.5 厘米。《戏歌传情》书籍封面设计中使用的颜色各不相同，同时每本书都是以两种颜色为主，两种颜色之间形成了鲜明的对比，突出了版面重要的文字信息。为突出书籍主要内容，封面还使用了最具代表性的京剧人物图片。书籍的封面还做了一个特殊的翻开形式，增加了书籍的互动性和趣味性。设计师通过网格设计对图片进行裁切，使书籍的特殊翻页与图片结合在一起，凸显了网格设计应用于书籍版式设计的便捷性。同时封面中的其他图片则选用了极具中国文化特点的图片，突出了京剧悠久的发展历史，也突出了京剧作为中国国粹的重要性。

3. 自由式

国内最早出现的"自由"版式是在 20 世纪 90 年代余秉楠所编著的《书籍设计》中，随后国内翻译出版的《印刷的终结——大卫·卡森的自由版式设计》，使"自由"版式设计理念真正进入人们的视野，并被广泛应用于设计领域。

版式设计是把现有的一些视觉元素和其他构成元素根据设计主题和视觉需求进行排列组合，使所有元素都能够发挥其作用，并能规范美观地传达信息的一种设计方法。

　　"自由"版式设计，单纯看字面上的意思，可以将其理解为，在没有过多的限制条件下对设计元素自由组合的设计方式。"自由"版式设计虽然产生的时间并不久远，但也并不是凭空而出的一种设计，它是在古典版式设计与网格版式设计基础上的解构与重组。"自由"版式设计打破了一些原有的限制条件，它的自由性主要体现在版心、版式、文字及内容编排等方面，并有着独特的优点，比如版心自由，版式对版心没有特别的限定，文字也可以图形化，不受限于固定字体，字体具有多样性以及设计元素的重组等，是一种基于美学规律之上的创新型设计手法。

　　以往的传统版式设计在设计页面时，对天头、地脚、书口和订口都有着严格的限定，在版心周围都留有一定大小的空白边，来完成双页的对称。而"自由"版式设计恰恰与此相反，在设计过程中，其对版心以及其他空白区域做了解放性的设计，设计者在把握主题的同时，可以将视觉元素进行新的组合，甚至是在分离元素后重新组合成新的画面。版面中的元素可以随意摆放在版心甚至超出版心的地方，从而形成一种版心无疆界的艺术形式。这样的版面布局通过对文字内容或图片进行拼凑、重合或者没有逻辑的编排来形成一种独特的视觉效果，像是版面的插图、标题等重要元素出现重心偏移、并不位于主线条等都是"自由"版式设计中常常出现的现象。但这并不意味着其在整个版式的编排上可以胡乱作为。其排版看似无规律，实则设计者在设计过程中也会考虑到版心和版面大小的整体适应问题，个性的版面布局也是为准确表达主题内容而服务的。"自由"版式设计中，整个版面和版心所占比重是通过设计者揣摩和推理产生的，也是存有思考性的。乱中有序是自由版式不可偏离的主题。

　　在书籍排版中，看似截然不同的字体、符号、图形都将会成为设计者进行有机结合的重要视觉元素。设计者可以运用不同的设计手法对这些视觉元素进行合理组合，使其形成全新的视觉效果，出现在同一版面中。在"自由"版式中，图文一体化是非常明显的一项特征，设计者会有意地对文字做一个图形化的处理，使文字变成一个视觉图形存在于版面中。这其中当然也需要对于文字含义、图形韵律，以及视觉吸引力的把握。文字是一本书中的重点，字体是整个版面中的重要元素，字体和图形的排版方向会影响整体版面的方向，会带动整个版面的动感。

　　例如，《生肖的故事》这本书就采用"自由"版式设计，有着对文字的变化和应用。"自由"版式起初就比较着重对文字的变化和重组。文字作为书籍中的主体，除了表达和传递信息外，主要是作为装饰元素出现在整个作品中。

　　文字图形化尤其体现在内文和卡片的设计上。设计者将内文中的文字信息用作装饰元素，做了放大、叠加、错落、涣散的处理，把文章上下行的句子或句子中的某个关键词放大，突出重点信息，或者缩小了部分不重要语句；段落之间，设计师把每一段都看作一个"块"进行调整，在不打乱阅读顺序的基础上做了段落上的倾斜和错位处理，使每一段都有自己的角度，每段不同角度的排列都给段落增添了新鲜感，不会让读者错过每一段的阅读，使整个版面活跃起来，做到处处有文字、处处又不乏味。通过这些或轻微或夸张的对比处理，能让文字信息变得更加紧密，内容更加连贯，这种连贯性会在视觉上自动带领读者进行下一步的深入阅读，增加其阅读注意力。在体现字图一体性的同时，能让读者在阅读过程中增强阅读兴趣、提高阅读效率、强化阅读记忆、减少阅读疲劳。

页码也能成为一种装饰，《生肖的故事》和《生肖说》中的页码为较小字号的艺术体，分别被放在页面左右上角，并一部分超出出血线；《生肖趣事》页码占领了整张页面，为了减少与正文的冲突，设计师对其做了灰度处理，使其作为背景与底色成为一体。这样的排列方式会让页码突出在整个页面上，变得醒目，对于儿童来说比较容易识别，又为其增加了一定的阅读乐趣，充满趣味感。其他周边设计上的文字也是作为背景和装饰图案出现在画面中，其海报上的文字大小有别，错落有致，都是作为图形元素进行排列的。文字做处理后的装饰效果要比图形更加醒目，所以在《生肖故事》整个作品中，文字是传达信息的重要元素，在无形之中影响和感染读者的思维和认知，也是整本书的重中之重。

（二）版式设计中图文编排方式

图形与文字编排的形式也可被称为图文混合编排。在一个版面中，如果仅有文字而无图形，版面会缺少亲和力，显得毫无生气，使读者失去阅读的兴趣；相反，只有图形而无文字，则对主题内容信息的传达会产生障碍，会削弱书籍与读者的沟通力，所以图形与文字在版面设计中缺一不可。图形具有形象性和直观性，能使读者产生强烈的阅读兴趣，并且图形的传播速度要比文字快，而文字相对图形来讲能更好地对内容进行传达，增进读者对内容的理解。在版式设计时要将图形与文字紧密配合，合理放置图形和文字的位置，通过大小、疏密的对比变化，以及恰当地运用各种图文编排方法，营造出富有新意的版式。

1. 上下分区编排

即在书籍版面的版式设计中分为上下两个部分，在上半部分或下半部分放置图片（可以是单幅或者多幅组合），而另一部分则放置相关文字的编排方式。

这种上下分区编排方式是平面设计中最为常用的一种编排形式。

上下分区编排的版式尤为条理清晰，在图形的选择上，设计师应选择能够传达主题信息并具有视觉冲击力的个性图形，且运用时应注意图形与文字的均衡性。设计师设计时可以采用调整文字部分色彩的明暗度或者通过加深文字部分的背景色的处理方式达到均衡，避免上重下轻或者下重上轻。如将图形放置在下部，会使版面有稳重、大方的效果。如将图形放置在上部，会使版面产生醒目、突出的作用。

2. 左右分区编排

左右分区编排是指将整个版面分成左右两个部分，分别编排图片和文字，图片处可以放置一张图片，也可以是多张图片组合，然后在图片的另外部分编排文字。这也是横幅版面中常用的一种编排形式。

左右分区编排的版式，由于视觉上的原因，图形一般被放置在左侧，右侧则放置文字以及一些小图形，这样左右两侧会形成强烈的虚实对比，产生较强的视觉冲击力。设计师设计时要注意整体版面的均衡，避免使一侧过重而一侧过轻。为避免左右两部分对比过强，设计师可以在图片和文字的分区部分用虚线进行虚化处理，在编排文字时可以让文字穿插在图片的左右。

3. 中轴对称编排

中轴对称编排是将图形放置在横向或纵向的轴心线上，文字配置在上下或左右两边的编排方式。版面的中轴线可以是有形的，也可以是无形的。这种编排方式可以体现出版式格调的高雅和庄重严谨。

中轴对称编排的版式，具有良好的均衡感。横向排列的版面给人稳定、安静、平和之感，纵向排列的版面给人庄严、肃穆之感。设计师在设计时，要注意边角及元素的空间层次处理以及轴线的视觉重点，否则会使版面过于单调、呆板。

4. 线性排列编排

线性排列编排是图形与文字版面在空间中被安排为线状序列的编排方式。这种编排中可以是直线，可以是曲线，也可以是直线和曲线相互搭配，使得书籍版式看起来富有动感。

线性排列的编排方式适合图形较多的版面，通过对图形与文字的距离和大小的重复编排，形成一种节奏，设计师在运用时应注意强调主要图文信息，使版面重点突出，视觉流程合理。

5. 分割穿插编排

分割穿插编排是将版面分割为几何分割、均等分割、对比分割、渐变分割、自由分割等多种形式，使图形与文字进行相互穿插、结合的一种编排方式。

分割穿插编排可以使画面呈现出明显的秩序感，能有效地突出主题，在视觉上产生丰富的变化，设计师在设计时应注意主次关系以及图文间相互协调性的把握，避免使版面杂乱。

6. 倾斜排列编排

倾斜排列编排也被称为斜置排列编排，是指将主体图形与文字的放置呈倾斜状编排的一种编排方式。

倾斜排列编排的版面会产生强烈的动感和不稳定因素，具有强烈的视觉冲击效果。设计师在设计时应注意把握视觉流程的合理性和图文结合产生的律动感。

7. 骨骼单元编排

骨骼单元编排是指采用规范的、理性的分割方法，将版面上的图片和文字都严格按照骨骼般进行编排放置。这种编排方式可以产生一定的秩序性。

骨骼单元编排的版式给人以严谨、和谐、理性的美感，设计师在设计时应注意主体信息传达的准确性。

8. 重复构成编排

这是把有内在联系的图形与文字进行形式上的重复构成的编排方式，这样编排后书籍内容中一些复杂的信息就变得易于理解。

这种编排又可以分为以下几种形式。

（1）大小重复构成

这种编排是在保持图文不变的情况下，改变版式的大小比例进行的编排。

（2）方向重复构成

这种编排也是在保持图文不变的基础上，改变图文的方向构成进行的版式编排。

（3）网格单元重复构成

这种编排是在版面网格单元中将图文重复地进行编排，也可以是在相等的网格单元中将图文进行的重复编排。

总之，重复构成编排具有强调主题内容、使主体更加突出的作用。设计师在设计时，应注意版面的整体感和丰富感。

9. 视觉重心编排

视觉重心编排是将图形与文字放置在版面的视觉焦点位置的一种编排方式。版面产生的视觉焦点，会使图形和文字更加突出。这种编排方式具有醒目、简洁、高雅的视觉风格。

视觉重心编排可以分为直接类型、同心类型和离心类型。直接类型是指图形与文字占据版面的视觉中心的形式；同心类型是指图形与文字向版面中心作聚拢运动的形式；离心类型是指图形与文字犹如石子投入水中，产生一圈一圈向外扩散的弧线的运动形式。设计师设计时应注意把要传达的主题内容放置在视觉重心位置。

10. 自由散点编排

自由散点编排是图形与文字在版面上做不规则的分散状态处理的一种编排方式，其结构是自由无规律的形式，其版面充满情趣，具有活泼、时尚的感觉。这种编排能产生独特的视觉效果，是一种具有现代感的表现手法。

自由散点编排看似较为随意和自由的编排，实则是经过设计者精心构置的。设计师在设计时应注意图形大小、主次的配置，注意版面整体的节奏、疏密、均衡的掌控，做到形散而神不散。

11. 边框围合编排

边框围合编排是图形居中放置，四周边框围以文字，或者文字居中放置，四周边框围以图形的一种编排方式。这种编排方式会产生一种稳定感和安全感，常被用于信息量较大的版式设计。

设计师在设计时应注意边框的风格与变化，以免造成呆板的视觉效果。

12. 整版空间编排

整版空间编排是图形或者文字占据整个版面的一种编排方式。这种编排方式是现代感较强的构图形式，对图片的艺术质量要求较高。图片主题的构图形式决定了文字在版面中的位置，标题、说明文字等可以放置在版面的上下、左右或中部的图片上。

整版空间编排的版式，整体感强，视觉传达直观而强烈，给人大方、舒展的感觉。整版空间编排是招贴广告中经常采用的一种排版形式。

13. 元素重叠编排

这是图形与文字之间上下重叠、覆盖的一种编排方式。这种编排方式多在版面信息量较大时为节省更多空间而采用。

重叠编排由于图形与文字之间的重叠，设计师在设计时应注意文字识别性的把握，同时需要对位置、虚实、明暗进行调整，使版面既层次丰富又具有良好的传递信息功能。

第六节　书籍装帧的平面元素创意

一、图形元素

图形存在于书籍产生之前，并作为最早的语言符号留存下来，如古代的结绳记事、画在墙上的壁画等。随着书籍的产生，图形逐渐成为其中必不可少的因素并发挥作用。在书籍中，图形以其独特的方式向人们传递信息。随着国际文化和科技的交流与发展，图形已成为一种世界性语言，其被广泛应用于书籍中，帮助不同种类语言的人了解书的知识。

（一）图形设计的由来

图形的出现早于文字，图形设计在文字的基础上产生。图形作为一种元素在书籍中出现，也可被称为插图。与文字相比，在信息传播过程中，图形不仅更加简洁、直观，而且形式变化多样，可根据人们需求的不同灵活变换，增加书籍的趣味性，因此受到读者和作者的欢迎。图形设计的成功与否深深影响着人们对一本书的接受程度，对书籍来说，图形设计已成为一个重要的因素，图形已不仅仅限于解释与传达信息的功能，还应具有更高层次的美感，这也使书籍设计面临新的挑战。

（二）图形设计的分类

书籍装帧中的图形设计，涉及书籍封面和书籍内页的图形，其中用于内页的图形被称为插图，包括文学插图和技术性插图。根据书籍所面对的社会对象不同，图形设计大致分为儿童书籍和成人书籍两种。

1.儿童书籍

儿童的世界是丰富多彩并充满想象的，儿童具有较强的联想能力和思维跳跃能力。对于少儿类图书，如果我们还是遵循逻辑性的思维来设计，是不会被儿童所接受和喜欢的。儿童对于知识的获得大多都来自直观感受，这就使得他们会比成人更注重书籍的外观和整体设计，这是吸引少儿阅读的前提。面向这一受众群体的书籍的内容主要是通过注入情感的书籍设计来表达的。书籍设计基于设计者和读者在情感上的共鸣，并通过对感官的刺激来达到传递信息的目的。读者在阅读中所产生的思想能够与设计者理念达到共鸣，这就是书籍设计在情感方面所要达到的目的。

儿童类书籍装帧设计作为一个特殊的种类，既有书籍装帧的共性，也有自身鲜明的个性，能否把握它的艺术特色，准确传递信息，是儿童类书籍装帧成功与否的关键。儿童类图书正文文字较少，图形占据绝大部分的版面，以此来吸引儿童，使其看到图形时，能直观地认识动物、人物、植物等，在人物性格特点的刻画上，善、恶、美也都通过图形被简单明了地表现出来。在图形设计的颜色上，其以活泼亮丽的颜色为主，且颜色变化多样。

儿童书籍设计以图片为主，文字在版面中占的很少，有的甚至没有文字。设计师在编排时要把握整个书籍视觉上的节奏，掌握好开始、高潮与结尾的关系。除了插图形象的统一外，在空间的编排利用、页码与装饰图案等要素的设计方面也要注意统一性。有文字的话，在位置和大小上要尽可能在变化中体现统一，使它们成为联系各个版面的一条视觉上的线。

中国四大名著之一《西游记》的连环画中，机智灵敏的美猴王、肥头大耳的猪八戒、老实憨厚的沙和尚、面慈心善的唐僧，都以阳光的、有亲和力的颜色、简单明了的形象呈现在儿童的面前；而白骨精、牛魔王，以及其他的妖魔鬼怪，又以另一种颜色特征被表现出来，与唐僧师徒的颜色形成鲜明对比。当我们走进书店，儿童区总是书店最亮丽的一角。

2. 成人书籍

成年人的性格特征表现为能够独立进行观察和思考，其智力发展到最佳状态，情绪趋于稳定，能进行逻辑思维并做出理智的判断。由于工作、学习、生活的需要，他们对于书籍的要求有着很强的针对性。随着经济社会发展，网络的出现使人与人之间的交流更为频繁，人们的观念和对书籍的要求也随之变化，表现在对书籍美感的要求也有所提高。

以文学作品为例，书籍设计中的图形设计应以内容为依据，图形创作者要了解著作的主题精神、著作风格、文化背景、所处的时代，对有关资料进行分析，将各种感受联系起来，加以综合研究，找出规律，从而决定图形的基调。这些图形设计不同于连环画，一本书只安排几幅图形，这就要求我们通过一幅图形抓住一段文字的情节内容，将最具有典型意义的文字内容以及适合于绘画表现的情节表现出来。这种书籍图形设计的特征表现在：平面构图的画面通过视觉传达产生期待性联想，从而创造一种意境，使图与图之间联系起来，能够使人由一幅图形延伸想象到另一幅图形。与儿童书籍不同,成年人书籍更追求图形表现出来的意境,色彩特征表现平和,有很强的艺术性,对形象的刻画细致入微,使读者既能从中获得艺术享受,又能感受到生活的情趣。

总之,图形设计应用于书籍装帧,能够对思想观念与审美情节进行表达。它展示着社会文化发展的不同阶段,以相应的形式演化出不同的风格和面目,但其主旨是不变的,即以图形设计、文字与图形相组合的设计服务于书籍主体,在实现宣传、促销书籍目的的过程中,完成文化创作与信息多元化的传播功能,在潜移默化中达到审美教化的作用。

(三)图形元素在书籍装帧设计中体现

书籍的装帧最主要的功能,是从视觉上传达出书籍内容,使相关信息可被直观地传递给读者,简单来说,书籍的装帧便是书籍内容的衍生品,它是对应于读者的阅读需求而去激发读者购买的欲望。我国的传统图片分类有装饰纹样、吉祥图案、瓦当图案、漆器图案等,各式各样,不可胜数。以螺旋纹为例,在商周原始青瓷上,常见成型过程留下的螺旋纹,而在战国彩绘陶上,螺旋纹又成为重要的装饰纹样。在明代前期民窑青花瓷器上,螺旋纹依旧流行,尽管纹饰比较草率,但很生动。在现代的书装设计中螺旋纹理也是韵味十足。具有鲜明的民族特色的中国传统图片能传递美好的寓意,讲究的是每一个的图案都通过表面的纹图的象征或是内涵来表现出一种向往幸福的心愿,这些追求圆满、完美、吉祥等的境界的图案也形成了本身象征意义的价值。但传统元素在书籍装帧设计中并不是原封不动地使用,它还需要进行再设计,创造出符合书籍内容特色且独特的艺术美感。中国图形元素善于采用具象的形式来表达抽象的概念,设计师们在对图片进行再设计时要抓住中国特色设计元素韵律和形态特征,将其转化为形体的创新再设计,并应适应当代的书籍装帧设计形式和理念,更好地满足现代读者的审美需求。对传统图片的运用在我国成品的书籍装帧设计中是很常见到的,如书籍装帧设计中最常见的底纹的设计,就是以水纹为底纹设计的书装,有的设计还对书籍的边框进行设计处理。这些图形,有的采用的是传统图片的符号再设计的精简和重新排列被设计出来的,有时只是原本图片的一半,通过连续的、反复的连接设计,使书籍具有了民族风味的内涵和艺术的效果。

二、色彩元素

(一) 色彩的重要性

1. 色彩与封面

书籍封面设计的意义尤为重要,封面既能利用纸这一物质载体为读者创造独特的互动体验,也能跳脱出这一形式,与更新的技术结合,实现新的设计效果。

由于书籍类别、销售、内容等的需要,色彩在书籍封面设计中扮演了十分重要的角色。设计师在对书籍封面的色彩设计中,不仅要关注封面本身,更要对封面的形态以及材质加以考量。书籍封面色彩往往具有较强的象征性与抽象性,但也有大量作品所使用的含蓄或夸张的色彩与书籍的内容不相关联,仅仅出于广告效应的考虑。

蔡立国的《地下乡愁蓝调》书籍的封面色彩,就强调了色彩与图形的相互配合使用设计,在突出装饰性色彩的同时又是对图形的一种修饰,通过色彩与图形充分传达出书籍所要展现的内容。

《设计中的设计》封面的色彩运用,则是消除了多余的色彩,采用了没有色彩的色彩,突出了书籍的文化性。

2. 色彩与插图

色彩是新媒体艺术中的重要组成元素,不同的颜色组合通过显示屏可以形成绚丽灿烂的混合色效果。这区别于传统的书籍装帧的白纸黑字,甚至黑白两色也并不属于光谱(色彩是可见光给人们的感觉形成的,不同频率的光会带给人们不同的色觉,黑色无可见光的辐射,而白色则是各种色混合后给人们的感觉)。通过对色彩进行应用可以很好地传递情感,如中国红、治愈粉、炫酷黑等,每种颜色都具有一定的情感属性。另外显示屏的色彩模式是 RGB,印刷的色彩模式是 CMYK,两种色彩模式可以简单地被理解为是加色与减色,但无论加色减色,只要能在书籍的插图应用丰富的色彩,不仅可以体现书籍的属性,还可以充当视觉语言与读者进行情感上的沟通,儿童读物尤其适合应用丰富的色彩。

色块在新媒体艺术中可以起到分类划分的作用,如网页设计中的导航系统就用色块的方式区分功能属性,一方面,不同色块的区域可以代表不同的内容;另一方面,多种色块的组合可以满足不同受众的审美需求。若能把色块的组合制作出图形的效果,运用在书籍装帧中的插图设计中,阅读体验则会变得更加丰富有趣,这不仅使文字排版灵活生动,而且使图形增加了吸引力。

（二）书籍装帧中色彩运用的案例

1.《生肖的故事》

看似简单明了的色彩，其实其中蕴含着很多的情感和意义。无论是传统的色彩还是经过设计加工重新组合的色彩，除了装饰以外，它都具有自己的目的性。突出主题、传达情感就是色彩带给读者的视觉目的。传统的色彩搭配总是规规矩矩按照一定标准将颜色互相搭在一起，力求做到稳定、柔和舒适、不出错误，而常常忽视了色彩的爆发力，而此书的设计打破了传统的色彩配置，大胆使用了撞色。

此书围绕中国的十二生肖故事进行整体设计，涉及关于生肖知识的多个方面。对于十二生肖这样的传统故事来说，在书籍设计中使用撞色也是极大的考验，需要把握好色彩节奏感。对比色的使用也是建立在色彩的平衡感之上的。本书利用主色调上小的对比色块，以及调节色彩间和元素间的透明度、饱和度、明亮度等方式来达到视觉上的平衡效果。同时，在进行色彩设计时，设计师还要结合书中的内容和这本书所要传达的理念来设计，认识到不同的颜色也有它代表的不同区域和对象。

在结合传统故事的要点基础上，本书采用红色为主色调。因为古代建筑、重要服饰、汉族传统文化中的五行、一些标志，以及传统节日，都以红色为主。红色象征着喜庆、象征着吉祥，把它作为主色用在传统文化故事中再适合不过了。书籍整体采用了红、橙、黄、绿、青、蓝、紫等比较能够表达传统的基础色彩，为的是突出书籍传统故事的定位。设计师将这几种颜色交叉组合呈现在封面上。

通常来说，一些花花绿绿的色彩会很快引起人们的注意，这还要归功于色彩带来的视觉冲击力，《生肖故事》作为主体本，封面采用了红色和绿色以及黄色字体装饰。红色和绿色是非常经典的对比色，大面积的红色，加上小的绿色色块，上面又覆盖了做了拼贴效果的装饰画，绿色作为点缀，在画面中若隐若现，可谓"万花丛中一抹绿"。虽然红色是主色调，但读者的目光并不会被大片红色夺走，反而会把焦点放在色彩突出的绿色上，绿色色块和明亮的拼贴装饰画跳出视线，形成整个版面的亮点，题目也变得明朗起来。这就是设计师使用撞色的目的。而黄色字体在画面中作为装饰部分，降低了透明度，不会夺取焦点，并与红色相融合，丰富了视觉。这三种颜色的比例和饱和度都是保持色彩平衡感的关键。

2.《生肖趣事》

《生肖趣事》作为副本之一，以深蓝色、橙色和明黄色为主。《生肖说》则把底色换成了紫色，用黄色色块突出主题。之所以选择两种暗色调的颜色作为两本册子的主色调，是因为它们两个是夹在主本内侧的，所以在颜色的选择上要用小的色块突出主题，而整体的颜色不能喧宾夺主。紫色和蓝色的明度在这几种色彩中是偏低的，有向后退缩的效果。而黄色和橙色又比较明亮，可以突出向前，这就在色彩的明暗度上形成一个对比效果。黄色明度最高，是整个版面的点睛之笔。蓝色、紫色和黄色是对比色，因此黄色只要出现在画面中就会比较显眼。设计师在大面积的暗色上用了亮色色块凸出标题，由于内容的篇章比较少，因此各个小的标题作为装饰出现在封面上，并用纯度较高的黄色使其成为重点，这样既不会压住标题，还非常明显地突出了内页信息。

书籍内文中的某些色彩以及卡片上颜色的搭配都与十二生肖的每个动物有着密切联系，每张卡片都有固定不变的棕色色块，生肖字体使用引人注目的绿色，而后面的底色变化成每个生肖所代表的不同颜色，鼠是褐色，牛是灰色，虎是黄色，兔是米色，龙是金色，蛇是紫色，马是蓝色，羊是青色，猴是绿色，鸡是红色，狗是靛色，猪是橙色。这样的色彩搭配，既清晰地分辨了每张图片，也让儿童有趣开心地认识了每个生肖。卡片的整个色彩基调也与书籍整体的色彩形成对比，书籍的颜色比较保守，而卡片色彩比较明亮，其整体在使用撞色的同时，也保持了统一的原则，实现娱乐与传统并存。

撞色的使用就是要达到视觉上给人眼前一亮的目的，同时这样的色彩对于书籍信息的传递也起到了引导作用，色彩在无形之中传达着人们的感情，影响着人们的情绪，因此，这些色彩的选择某种程度上也是对传统故事情感的寄托。

第六章 书籍装帧与印刷工艺

随着科学技术的不断发展和书籍印刷工艺的不断完善，书籍装帧材料的选择呈现多元化的趋势，不同的材料印刷工艺和装订工艺往往有所不同。我们要充分利用和熟悉掌握各种工艺技术的技法，并把掌握的工艺技术充分地糅合在书籍装帧设计中，设计出更具艺术感和现代感的书籍，加快整个书籍装帧设计行业和专业的发展与提升。本章分为印刷的概念与要素、书籍设计的印刷材料、书籍设计的印刷工艺、书籍设计的装订工艺四个部分。主要包括：传统印刷和数码印刷的概念、特点及流程，书籍设计的材料演变及材料在书籍设计中的运用于发展，印刷工艺的基本流程及类型，骑马钉、无线胶装等书籍装订方式等内容。

第一节 印刷的概念与要素

一、印刷的概念

（一）传统印刷

印刷是将文字、图片等原稿经制版、施墨、加压等工序，使油墨转移到印刷材料表面上复制原稿内容的技术。

1. 印刷的起源与发展

最初的印刷是雕版印刷术，由于是先在完整的一张木板上雕好字之后再进行印刷，因此大家称它为"雕版印刷"。它的工作原理如下：在印书之前，先用一把蘸了墨的刷子，在雕好的板上刷一下之后把一张白纸附在板上，另外拿一把干净的刷子在纸背上轻轻刷压，过一会把纸拿下来，一页一页印好以后，装订成册，一本书就这样诞生了。

随后，出现了我国古代四大发明之一——北宋时期毕昇发明的胶泥活字印刷术，但这项发明直到元代都尚未得到推广。期间人们仍在大量使用雕版印刷术，这种方法不但费工费时，而且雕刻过的木板一旦印刷完毕便大多废弃无用。元朝王帧为了让他的农书早日出版，便在毕昇发明的胶泥活字印刷术的基础上做出改进，制造出了木活字印刷，并进行木活字印刷的试验研究，终于取得成功。这一方法既节省人力和时间，又可提高印刷效率。之后王帧又发现，在拣字过程中，几万个木活字一字排开，人们在拣字时很不方便，于是他便设计并制造出了转轮排字盘，从而提高拣字效率、减轻劳动强度。

书籍的产生推进书籍制作与装订的发展，进而催生出印刷术，印刷术的发明与改造也推进着书籍设计艺术的发展，在日臻完善的印刷基础上，书籍的设计也越发精美，可以说书籍设计艺术离不开印刷，而印刷也基于书籍设计而不断地改进，书籍设计艺术与印刷之间相互依存，相互敦促彼此的进步。

2. 传统印刷的特点

传统印刷具有如下几个特点。

（1）在承印物上大批量地印刷图片和文字。在保证原稿内容准确性的基础上，传统印刷可以实现成批量的印刷。

（2）传统印刷品传播广泛，人们可以依据自己的爱好和需要长久地保存这些印刷品，有些具有收藏价值。

（3）传统印刷的信息传递方式是电视、网络等媒介不能取代的。

3. 传统印刷流程

书籍装帧设计中的传统印刷流程，如图 6-1-1 所示。

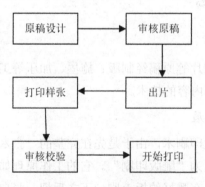

图 6-1-1　传统印刷流程

（二）数码印刷

1. 数码印刷概念

数码印刷是相对于传统印刷技术和印刷方式而言的，是随着科学技术的进步和计算机信息网络的发展而实现的印刷技术。数码印刷流程实现了计算机处理后的数码化印刷。

2. 数码印刷的特点

和传统印刷相比较，数码印刷有以下特点：（1）印刷不受数量限制，即使一张纸也可以印刷；（2）计算机处理大大方便了纠错的过程，可以及时修改原稿内容的错误；（3）印刷可以按照个人的需要进行，没有印量限制，打印的时间大大缩短，实现立等可取。

3. 数码印刷流程

书籍装帧设计中的数码印刷流程，如图 6-1-2 所示。

图 6-1-2 数码印刷流程

二、印刷的要素

传统印刷具有如图 6-1-3 所示的五大要素。

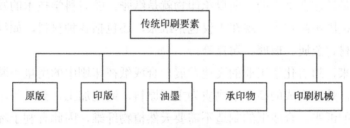

6-1-3 传统印刷要素

（一）原稿

在印刷领域中，制版所依据的实物或载体上的图文信息叫作原稿。由于原稿是印刷的依据，因此原稿质量的好坏直接影响着印刷成品的质量，所以在印刷之前，我们一定要选择和制作适合于制版、印刷的原稿，以保证印刷品达到质量标准。

原稿有反射原稿、透射原稿、电子原稿等，每类原稿又可被分为文字、线条、图像或单色彩色等。其中，透射原稿是以透明材料为图文信息载体的原稿，如正片和负片等。

（二）印版

印版是用于将油墨传递至承印物上的印刷图文载体。人们将原稿上的图文信息制作在印版上，印版上便有图文部分和非图文部分，印版上的图文部分是着墨的部分，所以又叫作印刷部分；非图文部分在印刷过程中不吸附油墨，所以又叫作空白部分。

（三）油墨

印刷油墨是在印刷过程中被转移到承印物上的成像物质。承印物从印版上转印图文，图文的显示由色料形成，并能固着于承印物表面，形成印刷痕迹。

油墨的制造工艺比较复杂，它是将多种物质按一定比例进行有序组合的产物。随着印刷技术的发展，油墨的品种不断增加，其分类的方法也有很多，既可以按照印刷工艺过程的不同进行分类，也可以按干燥形式或用途不同进行分类。

（四）承印物

印刷承印物是接受印刷油墨或吸附色料并呈现图文的各种物质的总称。传统的印刷是转印在纸上的，所以承印物就是纸张。随着科学技术的发展，印刷承印物的范围不断扩大，现在不仅包括纸张，还包括各种材料，如纤维织物、塑料、木材、金属、玻璃、陶瓷等。

近年来，随着化学工业的飞速发展，合成纸在印刷中的用量不断增加。所谓合成纸，是以合成的高分子物质为主要原料，通过加工，被赋予印刷性能并用以印刷的纸张。合成纸的制造不需要天然植物纤维，因此有利于环境保护，是一种很有发展前景的印刷用纸。

纸，作为我们国家的四大发明之一，大大促进了文明传播的进程。纸张作为记载和传播文化的重要工具，已成为现代社会的重要生产原料。

纸张作为印刷中最主要的承载材料，由于原材料的不同而丰富多样，从而表现出不同的触感和观感，同时也因质地不同，使得最终的印刷效果也截然不同。

纸张因其独特的"五感"特性而形成书籍的骨骼美，这种美逐渐被人性化，受环保思想的影响，纸张在环保宜人的道路上渐行渐远。当前，遵循实用原则与审美原则的双重标准，出现了纸张混搭使用的情况，普通大众消费纸张光泽度降低，使得纸张成本降低，其环保再生的实用性被进一步推广。

纸张的印刷适性是非常重要的，这关系到印刷的工艺过程能否顺利进行和印刷品的质量。纸张主要的印刷适性有物质性质，如平滑度、吸墨性等；机械性质，如抗张强度、表面强度等；光学性质，如白度、不透明度、光泽度及纸张含水率、pH 等。

（五）印刷机械

这是用于生产印刷品的机器、设备的总称。它的功能是使印版图文部分的油墨转移到承印物的表面。印刷机一般由输纸、输墨、印刷、收纸等装置组成。平版印刷机还有输水装置。

三、国内外印刷技术发展状况

随着科技的迅速发展，书籍装帧设计也在不同方向上不断改进，其中，印刷技术可以说是不可或缺的重要影响因素。从印刷工业的发展历程中我们可以了解到，从活字印刷时代到西方印刷技术印刷时代，一部完整的印刷史便是一部完整装帧史的缩影。

德国在 1439 年发明了世界上第一台木制凸版印刷机，几个世纪后，其又研发出了第一台圆压平凸版印刷机。美国在 1847 年研发了第一台轮转印刷机，半世纪以后又不断创新，1904 年研发出第一台胶版印刷机。在民国时期，受西方先进印刷技术影响，中国书籍装帧设计方式发展到平装本和精装本，但由于近代中国综合国力衰落，中国书籍印刷工艺明显落后于西方。随着改革开放的实现，加之全球化对人类社会影响的加深，全球联系进一步增强，中国的印刷技术飞速发展，出版印刷质量大幅度提高。而到如今，无论是国际还是国内，书籍装帧艺术的定式已经趋同。

目前最具普遍性的印刷技术非胶版技术莫属。其凭借完善的特性、高速完成作业的运行速度、稳定良好的印刷质量等优点，活跃在各大印刷商务中，用于出版期刊、传单报纸等。科技的进步是永无止境的，数码印刷的产生无疑给书籍装帧艺术带来全新的视觉表现方式。龙生九子，各有不同，何况是印刷工艺这个大的工艺方向，在印刷中采用不一样的手段，使用不一样的材料，当然会产生不一样的结果。当先进的技术不断更新与发展提高，越来越高端、越来越细微的手段方法相继诞生，烫金、烫银、压凸、成型、UV 工艺等纷纷出现在人们眼前。越来越丰富的材料和工艺的飞速进步使得设计师们可以设计出更多更好的作品，能为好的设计方案提供更多的素材，使其达到更好的发展高度。

如设计师朱赢椿书籍装帧作品《阵雨》。该书主题色调以黑白为主，大面积的封面与封底都采用白色，显得洁白干净，而标题文字等则采用黑色，干练利落地表明主题和著作者姓名等内容。该书封面采用 UV 技术，从而实现视觉上的透明度、触觉上的摩擦感，营造一种雨点下落的形象效果，即使这种效果若隐若现，也足以与其想表达的主题相互照应、相互衬托。本封面的整体设计可谓是简单到极致，没有绚丽的色彩和复杂的工艺，但是却深刻地表达了本书的内容，这就是最好的设计。

装帧设计与印刷工艺相辅相成，密不可分。一个作品，从开始写作到设计展现方案再到装帧完成，最终将实体交给需求方，这一过程才称得上是一个完整的周期。在成品形成的层层设计生产过程中，设计和印刷从头到尾都是遥相呼应、相互补充、共同协调的。一位懂得设计的优秀设计师知晓各种各样的形式，会采用各式各样的方法去设计最完美的作品。但是，假如设计师不能同时通晓印刷与设计，那想要完成一件好的作品是根本无法做到的，因此只有对二者全面掌握的设计师才可以在设计中发挥自己的才能，实现物尽其用，出色地完成作品。

当下，立足全球视野，在书籍装帧艺术的工艺和模式基本趋同情况下，书籍装帧艺术的特色便是印刷质量的提升。而出版印刷质量是国际化、多元化背景下的综合产物，善用印刷工艺是书籍装帧艺术发展的首要前提。

第二节　书籍设计的印刷材料

一、书籍材料的演变

书籍是人类一切信息的传播媒介。不同时代给予了书籍不同的内涵，对书籍定义的解释也莫衷一是。这充分体现了书籍和材料之间的微妙关系，体现了书籍从远古时代到现代的发展变化。随着社会的进步和科技水平的提高，书籍材料也呈现出突飞猛进的发展局面。在当代书籍装帧设计中，如何合理地将材料运用到书籍设计当中去已成为设计工作者所要解决的重要课题。

（一）材料的历史

材料决定着书籍的物质形态的基础，在科学技术日新月异的今天，书籍设计可利用的材料更加丰富多彩，如何将其很好地运用到书籍设计中去成为设计工作者的新课题。

材料在历史发展中起到举足轻重的作用。在选用材料时，人们就应该注意到材料所具有的基本性质，然后根据不同属性的材料进行不同的有针对性的设计。材料是一切设计的基础，材料与形态也是不能分割的统一整体。

随着科技的发展，设计在整体的构思创作环节中分工越来越细致，材料作为一种物质形态越来越被广大设计者所重视。设计者在进行设计的过程其实也是对材料进行深刻把握的过程，每一种新型材料的出现，都能被设计者及时地捕捉并加以应用，最终实现作品从形态到内涵的强大改变。

（二）印刷材料

在书籍装帧设计之前，设计师对书籍装帧材质进行甄别选择。装帧原材料具有其自身质感，材质的好坏就体现在材质的质地和触感、观感上，而材料的选择则直接决定着书籍装帧的成败。书籍装帧归其本源，是为书籍阅读者带来视觉呈现的一种综合形式，因此必须注重材料在视觉感受中的呈现形式和呈现观感。

书籍材料随着科技的发展也不停地变化发展。几千年前书籍刚刚出现，那时候的书籍是刻在兽骨或是龟壳上面的甲骨文。西周时期社会生产力不断发展，人们制造发明了青铜器，并在上面刻下铭文。之后又相继出现了以不同材质为载体的书籍装帧形式，包括木质、石质、竹签，以及缣帛等。在这里我们对缣帛做一个简要说明，其质地柔软细密且平整，幅面可以随意变化调整，既可以写文字长短文，又可以进行绘图，并且携带方便，便于保存。但由于缣帛类材料是丝织品，制作成本昂贵，因为大多被统治者用于书写公文，无法普及。

造纸术出现后，这些材料逐渐被纸所代替。据文献记载，我国西汉时就已经出现了纸张。东汉的蔡伦对西汉造纸术进行了改良，其制造出来的植物纤维纸达到了书写的水平，而且具有轻便、灵活、便于装订成册等特点，因此造纸术成为书籍材料史上的一次伟大变革。

科技的发展也促进印刷工艺的进步，同时也诞生了能满足各种印刷技术的纸质，比如凸版纸、新闻纸、铜版纸、毛边纸、白板纸、胶版纸、牛皮纸等，这些不同材质的纸的出现一方面展现出现代书籍装帧多元化的发展趋势，同时也满足了读者的审美需求。下面我们介绍书籍印刷中的几种材料。

1. 纸质

造纸术出现于西汉或者更早，而开始用树皮与纤维造纸则可以追溯到东汉蔡伦时代。由于纸张价廉物美，被人们一直沿用到现在。

目前市场上95％的图书都采用纸质材料印刷，纸质书籍有轻盈、颜色自然、表面细腻光滑、易于保存的特点。不过，纸的种类也有很多，设计师应根据书籍受众选择相应纸质。例如，孩子使用书籍时不会有意识地爱惜，因此要选择色彩表现力佳、安全结实、较厚的纸张，如铜版纸和胶版纸。但铜版纸的油墨吸收能力差，为了保护色彩不被磨损和增加封面的韧性，设计师会在印刷后在表面粘上一层专用塑料薄膜。有时设计师为了追求更好的艺术效果，会选择特种纸做封面，使得书籍的价格有所增长。大部分普通纸质材料的书籍价格适中，一般的消费者是可以接受的。而立体纸质书籍由于工艺复杂、色彩印刷质量高、包装精美，往往价格惊人。

（1）凸版纸

凸版纸是采用凸版印刷书籍、杂志时的主要用纸，适用于经典著作、科技类图书、高等院校教材等书籍正文的用纸。按纸张用料成分的配比不同，通常可将其分为 1 号、2 号、3 号和 4 号。四个级别的纸张号数代表纸质的质量，号数越大则纸质质量越差。

凸版纸具有不起毛、质地均匀、抗水性强等特征。

（2）胶版纸

其主要供胶版印刷机印制，通常用于印刷较高级的出版物，如画册、宣传画，以及书籍封面、插画等。

（3）白板纸

这种材料的纸张伸缩性小，有韧性、不易折断，主要用于印刷包装盒和商品装潢衬纸，其在书籍装订中被用于精装书籍的内封。白板纸按纸面分有粉面白板与普通白板两大类，按底层分类有灰底和白底两种。

（4）铜版纸

这种材料在现代应用较为广泛。铜版纸又名印刷涂层纸，是将原纸上涂布一层白色浆料，经过压光而制成的纸张类型。由于有了涂层，铜版纸表面光滑，白度较高，纸质纤维分布均匀，厚薄一致，对于油墨的吸收和还原效果非常突出，其伸缩性小，有较好的弹性和较强的抗水性能和抗张性能。

此外大量非纸类材料的出现，以及印刷技术的不断发展与完善，在书籍设计中出现了各种材料运用的新趋势。书籍装帧设计也可用于小面积的局部区域，将各种材料相互混搭。设计师可以立足书中内容，充分考虑材料质感，使其相互融合在一起。纸张与非纸张类其他材料可以相互搭配形成新的装饰风格，通过二维或者三维的装帧效果来丰富书籍的材质美，让读者感受书籍装帧的魅力以及书籍的内容气息。

2. 塑料

塑料由于重量轻、柔韧性好，很适合作为书籍封面的材料。使用塑料时，我们不仅可以选择各种颜色，还能利用彩色油墨印刷、烫电化铝和压凹凸等工艺手段在表面做出各种图案和花纹，呈现的艺术效果比纸张更好。不过，由于塑料和纸质书难以结合，除将其作为精装书的活套书壳外，在一般书籍设计中应用很少。

3. 棉布

如今，儿童书籍装帧的织物材料中常常用到棉织布。棉织布质地柔和，韧性和牢固度超过纸张，因此设计师将它作为学龄前儿童的简单读物材料，可以避免儿童被锋利的书页边缘划伤、将书页撕下误食、被书籍棱角碰伤等状况，而且这样的书不需要贴塑料膜保护，可以被回收并反复利用，更符合低碳环保的要求。由于材料昂贵、工艺复杂，此类书价格比纸质书籍贵，很难被大面积推广，只能少量设计使用。

4. 金属材料

金属材料通常被用于书籍封面设计当中，以辅助装饰的形式出现，极大地增加了书籍的视觉冲击力。金属材质特有的光泽与肌理感增强了书籍形态的表现性，并且以其独特的时代性的审美特征被应用于现代各种高档精装书籍中。金属材质具有高雅、华丽的特点。

在制作书籍时，设计者要根据书籍的主题内容和设计创意选择恰当的金属材料，经过工艺加工将其运用到书籍中，使得书籍的材料和形态内容高度融合并统一，从而强化书籍的表现力。进而给人以视觉、触觉直观的感受，带来强烈的视觉冲击。金属材质坚固的属性有助于人们长时间保存书籍，具有很好的保护性，正是因为金属坚固的属性，所以其常常被用来制作书籍的封面或者函套，用来更好地保护书籍。书籍中金属材质的使用还应考虑到与内页的材质相呼应，并使其内容整齐划一，使得书籍内外搭配和谐统一，这样才能为书籍带来更好的美感。

5. 其他材料

现代社会应用于书籍的材料除了标准化的纸张之外，还有许多新型的材料。如皮质材料，皮质封面和高质量的装订结合在一起，可以制作出不同的修饰效果的封面。羊皮具有质地好、易弯曲的特点，不过价格较高。猪皮不易弯曲，一般多被用于厚重的图书，虽然猪皮相对较便宜，但时间久了容易产生裂纹。如今，皮质封面更多是选用人工皮革，这是大规模图书生产情况下更加便宜的选择。

还有布料封面，布料封面实际上是纺织纤维。纤维在上浆和浸入硝酸纤维素之前，要先经过漂白去除纤维中的杂质。上浆一般是指上胶的过程，使纤维僵直、不易折弯。硝酸纤维素是液体塑料的一种，其效果比上浆要强，并具有良好的防水性。硝酸纤维布多种多样，可以通过不同的方法对书籍封面进行修饰。

以国外书籍《ZOOM IN ZOOM OUT》为例，书中夹带着一张印着匀称黑线条的透明塑料单片，其采用透明的赛璐珞纸设计制作。赛璐珞纸类似于塑料薄膜，就是将透明的塑料纸加工印刷，使其成为书籍装帧设计的可用材料。把书中的赛璐珞纸放在书籍文字上，上下移动，会产生不一样的视觉效果，展示不同的字体内容。

总之，材料是现在书籍装帧设计价值塑造的重要手段。它可以加强设计内涵、提升高度、简化设计过程，从而使整个设计工作达到超凡的艺术效果。虽然当今的电子书籍以及网络事业的发展充斥着人们的生活，但传统书籍在未来的发展中仍有很大的潜力，设计师应将其价值取向转化为书籍形态以及美感的创新上来，这样，材料就成为传统书籍价值塑造的重要手段，书籍设计中材料的美感价值迎合了当代读者的审美习惯。设计者应该正确把握材质的特性，认识到不同的材质的色彩、肌理、坚硬度、光泽透明度都会产生不同的视觉以及触觉的体验从而更好地对其加以利用。

二、印刷材料在书籍设计中的质感表现

质感是指人对物体材质的一种生理和心理活动感受，也即物体表面结构特征给人的触觉和视觉所带来的综合感受。材料质感是人通过触觉神经中枢与视觉神经中枢相互结合作用的结果。读者首先通过视觉感受对材料表象有一个初步的质感体验，然后经过皮肤的触觉感受传达到大脑皮层形成感应。对材料的质感体验是由人的触觉视觉体验相互结合作用而产生的，是建立在生理基础上的人们的心理活动的反映。

（一）材料的自然质感和人工质感

材料的自然质感是指材料本身由于内部结构和其他物理性质让人在观看和触碰时产生的感觉。书籍设计中，不同的材料给人不同的感官刺激，好的材料质感可以让读者感受视、触等五感交融之美。材料的自然质感是材料本身所具有的质感，突显材料的天然特性，强调本身所具有的物理特征，是指没有被后天加工制造的，大自然所赋予材料本身的，得天独厚的天然的、质朴的属性，给人一种原始的亲切的感觉。如木制品的纹理、竹子的天然外部形态等都属于

材料自然质感的范畴。也正是由于这种天然的、朴实的特质，其能拉近与读者之间的距离，呈现出不可想象的艺术价值。

　　材料的人工质感是相对于自然质感而言的，是指人们以人工技艺为依托对材料进行加工处理后所得到的质感。人工质感强调的是工艺技术性，是对材料表面肌理特性以及对其所带来的视觉与触觉的再创造。随着科学技术迅猛发展，人工材料也不断地涌现出来，人工质感很大程度上弥补了材料自然质感的不足，极大地丰富了书籍装帧设计中材料的运用。如金属材料以及各种皮革制品的质感都属于人工质感的范畴。将书籍装帧设计中材料的人工质感与自然质感根据书籍内容与形态完美地结合在一起，是当前设计工作者需要具备的一项基本技能。

（二）材料的触觉质感与视觉质感

　　根据材料在书籍设计中的质感体现，大致可将其分为两大类：一类是能被身体感觉神经中枢所感知到的触觉质感，另一类是人通过视觉神经中枢所感知到的视觉质感。在异彩纷呈的世界中，人们不断认知各种事物。认识首先从人的感官开始，人们通过视觉、听觉、嗅觉、触觉去认知与感受材料的特性。人们用感觉器官所感受到的信息是对客观事物最直接的感受与映像。无论是自然材质还是人工材质，它们所呈现出来的肌理效果或是触觉感受都需要我们直观地去用触觉或是视觉感受。

　　近年来，随着书籍设计的发展，设计者越来越重视视觉和触觉相融合的效果运用。比如，吕敬人先生在设计《怀珠雅集》时，充分利用了表面粗糙且有纹理的特种纸张，使其给读者带来了一种特殊的触感与视觉感受。该书采用触觉明显的瓦楞纸作为书籍外封，借鉴卷轴装中的镖上面的丝带灵感，将麻绳作为捆绑，给读者一种亲近自然的亲切感。书籍主要采用了古代线装的装帧方式，封面采用了很软的皱纹纸，很好地将书籍内容与材质结合在一起，给读者带来很强的视觉与触觉上的冲击力。

1.触觉质感的审美体验

　　触觉质感是指人们用自己的感官肌肤去碰触材料表面所能感受到材料肌理以及其本身属性特征，比如人们的感觉神经所能感受到的材料的坚硬度、温度、湿度等自然属性。人们在触摸不同材料时，触觉神经会将不同感受传达到大脑，随之人们会产生不同的心理感受。

　　触觉感官是十分敏感的，从书籍设计的角度来看，触觉是通过人的肌肤直接触摸书籍所形成的直观感受。还有一种是通过视觉、触觉，以及材料表面的肌理构成使人产生的间接的心理感受。无论哪种触觉，它们之间都是互为前提、相互补充的。当代设计强调审美性与整体性，因而要求使材料与艺术表现形式有机地结合起来，形成统一整体，书籍设计中所选用的不同材料给人们不同的触感，就给读者创造了无穷的感官盛宴。

2. 视觉质感的体现

视觉质感，指的是人们用眼睛去捕捉外界信息，而不是直接用皮肤去触碰物质材料表面，是通过视觉神经将所观察到的材料表面传达给大脑，从而产生的一种感官体验。人类从材料中获取的信息大部分都是通过视觉神经传达的。

在书籍设计中，由于选用的材料不同，人们会通过视觉感受材料的色彩感、粗糙度或者是华丽程度。材料丰富了书籍的色彩感。在平面设计中，色彩是一个重要的内容，而在书籍设计当中，色彩也是极具识别性的视觉元素，一本完整的书籍内容由文字、图片、色彩、版式设计等构成，其在色彩上是否具有强烈的视觉冲击力决定该书能否夺得读者眼球。某种意义上讲，没有视觉质感的作品就无生命力可言。在书籍设计中，选择不同的材料不仅丰富了书籍的色彩质感，更重要的是增强了给读者带来的视觉感受。

3. 书籍材料是触觉质感和视觉质感的和谐统一

在现代书籍装帧设计中，一本好的书籍所需要的材质不尽相同，设计师要使其达到视觉与触觉的统一。视觉与触觉感受是在人类生活中的一种生理与心理的感受，其不是孤立存在的，二者是以一种互为联系、相互补充的方式存在。设计者在进行书籍设计时，要充分考虑视觉质感与触觉质感的结合。

注重视觉质感与触觉质感相结合的优秀书籍装帧不胜枚举，如吕敬人先生所设计的《朱熹千字文》一书，就以一部书法巨帖为主要的触觉设计来吸引人们的眼球，书籍的函套运用了古代宋朝活字印刷的雕版术，给人带来触觉与视觉上的饕餮盛宴。其是一部典型视触觉相结合的优秀作品。

（三）书籍材料的品质感知

在书籍设计中，想要提高书籍装帧的品位，提高书籍审美感知思维，让其在短时间内抓住读者的眼睛，从而在众多书籍装帧设计中脱颖而出，就要注重材料的把握。在书籍设计中涩与滑、软与硬等材料的属性可以增强读者对质地的感知。在物质资料丰富的今天，更多的材质被创造出来，服务于人类，许多新颖的材质打破了传统的书籍装帧设计形式，为书籍装帧提供了更多、更宽广的发展空间。如果我们能够充分发挥材质的功能作用就能以细节取胜。

　　人们并不是随时都可以感知到"品质"，很多时候都是因为不同材料之间的对比才显现出它们之间的差异。比如有的书籍封面采用金属材质，有的采用针织布料，而有的则是用麻绳编制而成，这些材质给人的视觉以及触觉都带来不一样的感受，有的设计者会将几种不同的材质同时运用于书籍装帧设计中，整本书籍利用不同的材质构成统一协调的整体，给读者带来焕然一新的感受。在书籍设计发展进程中，中国古代书籍主要推崇的是朴质、典雅的特点，不过也有以华丽、奢华为目的的设计方式，设计者会采用金、银丝，以及宝石等材质装饰书籍，这在一定程度上增强了书籍的视觉刺激和触觉刺激。

三、材料在书籍设计中的运用与发展

　　在书籍设计中，设计者在开始设计之前除了要对书籍整体规划进行全面把握，同时还要对材料有一个全面完整的认识。设计师应该首先了解材料的物理属性，对于生活中较为普遍的材料要充分发挥自己的创意与想象力将其进行加工整合，使其构成新的材料。对于比较罕见、没有尝试过的材料，设计师应该根据书籍的内容与风格要求积极地进行尝试。现代书籍装帧设计要求设计者对材料自身的物理属性以及功能价值进行认识把握，将设计理念与材料表现同时融合在一起。

　　在书籍设计中，设计者还应注重人性化需求，并且借助于工艺技术帮助人们在最优状态下完成书籍阅读。当今社会，科技不断发展，材料也呈现日新月异的局面，设计者在选择材料时要将书籍的内涵与设计观念统一起来，还要有很强的创新观念与意识，为书籍设计未来的发展提供更多的发展空间。

　　材料是书籍装帧设计和设计师互动的传达中介，在设计书籍的过程中，设计者对材料进行选择时具有主观能动性。设计师应该积极发掘材料的潜在特质，善于捕捉材料的各种美，既要探究它的自然特征，掌握材料本身的个性，恰当地运用到设计中去，又要使材料的表现特征和自身的设计构思结合起来。总的来说，设计师对传统的书籍材料要有所创新，要发现并遵循材料的自然特殊的美感，用最恰当的设计，实现材料和设计之间的整体和谐统一。

（一）现代书籍设计中材料选用的变化趋势

　　材料是书籍装帧设计内容的载体，材料在整个书籍装帧过程中起着至关重要的作用，一本作品成功与否，除了要有好的设计理念外，正确地、有新意地使用材料也尤为重要。设计师要将书籍的内容、设计理念、材料与读者紧密地联系在一起，从而烘托整个书籍的整体美。材料已成为当今书籍设计发展的过程中形式美的重要体现，材料的多种运用为书籍形态的丰富奠定了更多可能。书籍形态的变化也改变着读者阅读形式。书籍通过与不同质地的材料本身的物理特性来表达不同的情感，给人以不同的视觉、触觉刺激。随着材料技术的发展，书籍设计的人性化与创新的个性化已经越来越被当代设计者以及出版社所高度重视。

（二）现代书籍设计中的个性化、人性化

在书籍装帧设计不断的发展变化中，人们的审美也在不断地提高。缺乏创意、千篇一律的设计已经无法适应社会的发展，人们对个性化与人性化的创造需求越发明显。设计师需要站在时代前沿，用他们的作品，反映和影响人们的文化生活和观念。但是无论采取何种形式或风格去体现书籍的内容，都要首先做到保证书籍内容的准确性。

优秀的书籍设计可以充分体现设计者独特创新的个性化特征，新颖的设计个性化地体现了设计师独具匠心的创新意识。一件成功的书籍设计作品必须是以准确传达书籍内容为前提的，并且能够反映设计者个性鲜明的设计思想，这样才能与读者的心灵达成高度契合。有生命力的书籍装帧设计要有独特的视觉语言，这样才能形成书籍装帧形式与内容本身的统一，才能打动读者，使其获取审美享受，以增强读者的购买欲。设计者要将设计理念与自身对书籍内容及形式的独到理解通过作品最终呈现出来，设计出符合时代发展的作品，并且对设计的整个过程进行全面的把握，如对设计的材料、制作工艺等都要有自己独到的见解。

在新形势下，我们倡导以人为本的科学发展战略。人类的一切社会活动都是为提高自身生活水平与生活质量服务的。一切为人民服务是时代赋予我们的历史任务，是设计创造中人性化设计理念的体现。在书籍装帧设计中，设计者坚持贯彻人性化设计理念，这样就使设计作品更富有人性化的特征。此外，在以人为本的设计思想基础下考虑材料的制作工艺以及艺术表现力，也需要强调符合人类审美需求与精神需求相结合的设计理念。所以，人性化设计也成为现代书籍装帧设计中重要的设计理念。

在书籍装帧设计中，读者由于个人喜好以及层次的差异，对书籍装帧的个性化需求不尽相同，设计者应该充分考虑其差异，从而设计出人性化及个性化的作品，还应充分考虑材料利用的可持续发展性，打破常规创意模式，为书籍装帧设计发展提供更多的空间。

（三）现代书籍设计发展的新趋势——新型环保书籍

随着人类经济的发展与科技水平的不断提高，生态环境问题也日益凸显，自然界的各种能源被大量开采与消耗，生态环境的可持续发展成为如今人类面临的最迫切的课题。人们逐渐开始倡导绿色、环保和可持续发展，并以其为生态发展的主题。为此，在设计领域也应该贯彻可持续发展的设计理念。时代在进步，人们的思想意识也在不断地提高，因而对书籍设计也提出了绿色环保设计的理念。

目前，在书籍装帧设计中，绿色环保设计理念还没有被广大设计师所重视，在选用材料方面，有些设计师为追求书籍片面的奢华效果而采用真皮制品、合金材料，或者在生产加工时不注重环保，对环境造成不可逆转的大气污染。有的设计师为追求片面的效益而采用未经安全检验的化学材料，严重影响读者的身心健康。设计师在书籍设计过程中，在材料的运用方面应以适度为原则，使得书籍设计以简约为主；在选取材料上应尽量选取再生纸张和可循环利用的材料，减少对木材的乱砍滥伐，同时，还要选取无毒无害的材料，避免损害身体健康。

当今环境问题日益突出，绿色环保设计可以促进社会的可持续发展，在保护生态环境同时也可以引导书籍出版业向着理性、健康的方向发展。

书籍设计消耗了大量的自然资源，如各种纸质品的利用以及不可再生资源的运用，这些都是与我们所倡导的绿色环保理念背道而驰的，所以，设计师在选用材料的过程中应该尽可能地考虑减少资源能源的消耗，要注重保护环境、保护生态平衡，选择可以再循环利用的材料，树立节约型的书籍装帧设计理念。

随着社会不断地发展，绿色设计已经成为一种精神、一种文化，对于一个国家、一个民族都具有深刻的意义。绿色设计是一种可持续发展的设计，它随着社会的发展而发展，强调环境的可持续发展、生态自然的平衡。绿色设计应该成为现代文明与未来社会发展的方向，绿色设计环保理念应该成为设计者今后必须坚持并付诸设计实践的重要因素。

第三节　书籍设计的印刷工艺

一、印刷工艺的基本流程

印刷是指将图文信息转移到承印物上的技术工艺，印刷的成果被称为印刷品。原稿制作与印刷是生产印刷品的两个主要阶段，原稿制作与用途决定了印刷品的印刷方式，而印刷方式又对原稿制作有一定的限制，印刷品就是两者之间密切合作后的产物。

书籍装帧设计是一项整体的视觉传达活动，由于其产品的终端载体大多是纸张，所以印刷工艺对书籍装帧设计来说起着举足轻重的作用。

（一）印前制版

印前阶段包括设计稿、图片扫描、页面设置、图片文字制作、数码打样或彩喷、拼版、菲林输出、打样、校对样稿、客户签样和印刷。

拼版就是按照一定的格式和要求把原稿拼成一块块完整的版面。

菲林输出由制版单位的激光照排机等打印设备来完成。

打样是指在印刷生产过程中，用照相方法或电子分色机所制得并做了适当修整的底片，在印刷前通过印成校样或用其他方法展示制版效果的工艺。

（二）正式印刷

印刷阶段包括拼版、晒版、打样校色、印刷、UV、过油等。晒版是用接触曝光的方法把阴图或阳图底片的信息转移到印刷版的过程。UV 是封面印刷的一种新工艺，指在印刷过程中，为了追求一种更好的效果，采用 UV 局部印刷或覆盖 UV 膜，这种材料油光透明，手感光滑，能为封面增添新的趣味和魅力。过油是指过光油，这样能增加印刷品表面的光泽度，增加反光的效果，使印刷品看起来更高档，并且过光油可以保护表面的油墨，防止表面的油墨被轻易擦掉。

印刷色序是书籍批量印刷时需要考虑的重要因素之一，通常书籍印刷色彩主要由青、黄、品红、黑四种颜色的油墨叠印而成。为了更好地呈现书籍印刷的色彩，我们需要注意印刷色彩排列顺序的安排。我们常见的彩色印刷品一般都是由四色一起印刷，四种颜色的排列顺序就是我们说的色序。这种印刷方式可以根据印刷的色彩呈现效果进行及时的调整。此外，这种四色叠印的印刷排序也是要遵循一定原则。

（1）透明度较差的先行印刷，避免颜色之间的覆盖和乱叠，避免造成后面的颜色覆盖掉前一个印刷的颜色。

（2）先印刷油墨黏度比较大的，然后再印刷油墨黏度比较小的；避免画面发生油墨逆转印的情况。

（3）先印刷次色调，然后再印刷主色调，确保突出画面的主体色调，通常这样选择可以突出画面的主体色调，不至于让其被次色调抢了风头。一般情况下，如果画面本身是偏冷的色调，那么青色则后印；如果画面色调以暖色调为主，那么品红色则后印；水墨平衡是印刷中要时刻注意把控的，在印刷过程中，我们要经常检查水墨的平衡状态，以保证整体的印刷效果。

（三）印后加工

书籍的印后工艺是印刷完成之后对印刷作品的表面再坚持加工以达到保护的功能。印后工艺主要有烫金、压凸、压纹、模切等工艺手法，正是由于这些工艺手法的多样性，所以其呈现出来的视觉效果和视觉表现力也是独特的、多样化的。设计师还可以将自己所熟知的多种印后工艺手法重新整合和匹配，以达到最佳的视觉呈现效果，给观者带来舒服的视觉体验。

烫金亦作烫印，是将金属印版加热，施箔，在印刷品上压印出金色文字或图案。随着烫印及包装行业的飞速发展，电化铝烫金的应用越来越广泛。烫金工艺的视觉效果很丰富，随着光线的照射，不同的角度都会使画面产生不同效果的渐变色，并且摸起来有凹凸感。这样的工艺效果增强了作品本身光线色彩的层次感，视觉呈现也比较多样。

压纹是为了节省开支，舍弃较贵的特种纸，而在印刷成品装订前对其进行处理的工艺，是页面的一种独特设计。

凹凸工艺是印刷的后道工艺，根据原版制成的阴（凹）、阳（凸）模版，通过压力作用使印刷品表面压印成具有立体浮雕感的图形和文字。印压的纸张不能太薄，一般需要 200 克以上的纸张。

压凸工艺能使印刷品在视觉上富有肌理层次，摸起来有丰富触感。

模切工艺在书籍的印后工艺中比较常见，其所产生的视觉效果比较有冲击力和吸引力。

（四）装订成型

书籍印刷最后一道工序就是装订，书籍装订方法也有很多种，分为骑马钉、胶装、精装等形式，其中我们最常见的装订方式就是铣背胶装。铣背胶装是将配好页的书贴齐、夹紧，沿订口将书背脊用刀铣平成单张书页，而后对铣削过的书帖打毛，把胶黏剂涂刷在书背表面，使其槽沟中灌满胶液，以增加粘结牢度，再贴上纱布、卡纸，即成为无线胶订书芯。书籍内芯成型后，再用热培胶将书籍内芯与书籍封面粘结成一本书。

二、印刷工艺的类型

（一）凸版印刷

这种工艺的特点就是极具层次感，也就是我们常说的铅印，因为其特殊的视觉效果，在一定时期内很受消费者和设计师的喜爱。

凸版印刷的视觉效果比较真实，纸张表面经过凸版印刷的压印会产生立体的层次感和空间感，使本来平面的印刷变得富有质感，有一种物体跃然纸上的视觉效果，这样的工艺也加强了整个画面的真实感。

（二）凹版印刷

凹版印刷简称为凹印，凹版印刷出来的色彩比较饱满，且表达效果极具层次感和立体感，其印刷成品看起来也比较有厚重感。凹版印刷的图文表现同样具有立体感和层次感，具有更强的质感表现，而且用手摸起来也很具触感，这也造成了凹版印刷的用墨量相较其他印刷工艺更大。

采用凹版印刷过的承印品颇显精致，充满了视觉张力，虽然其印刷工艺手法单一，但画面丝毫不显单调，反而增添了一种简约大气之感。

（三）网版印刷

丝网印刷不仅在印刷材料的选择上多种多样，它对材料选择的包容性也比较大，在油墨的选择上也多种多样，所以丝网印刷呈现出来的视觉效果更加多彩多姿。所要表达的视觉效果还可以根据不同的设计创意和设计立意进行适度调整。设计师会根据书籍内涵表达的不同来调整印刷的方式，从而达到最佳的视觉呈现效果。

《玛丽莲·梦露》就是波普艺术的倡导者安迪·沃霍运用丝网印刷的手法创作出来的作品。他创作的《玛丽莲·梦露》充分运用了丝网印刷的工艺手法，把图像置于九宫格之内，通过不断地复制性影像，再以丝网印刷方式呈现细微的变化，这样的表现手法和印刷效果会使观者在视觉上产生错觉，既达到突出图像特点的作用，又可以加强整个画面的色彩感和节奏感。

（四）平版印刷

现实中，书籍的印刷多采用传统的平版印刷工艺，平版印刷的制作过程主要包括出片、拼版、晒版、打样四个阶段。平版印版的类型也有很多，我们常见的 PS 型也是平版印版的类型之一，除此之外，还包括平凹版以及感光型、感热型 CTP 版等类型。

印面的图文与空白在一个平面的印版，利用间接的方式将图文和油墨经过橡皮布再转印到承印物上，又被称为平版胶印。胶印的制版工艺相对简单，印刷起来也比较便捷，印刷价格也相对低廉，印刷色彩丰富、层次多样，所以被广泛应用于平面印刷和书籍印刷。其主要适用于杂志、包装、书籍、海报等平面设计中。这种印刷方式不仅印迹清晰，而且印版的耐印率较长，其开创了近代胶印的历史，也是 20 世纪中期发展最快、最主要的印刷工艺之一。

我们从毕加索的《朵拉·马尔》胶版印刷可以看到，平版胶印主要有黑版、红版、黄版、蓝版四个版。作品的黑色部分就印在黑版上，红色部分就印在红版上。平版胶印的色彩表现力使得作品画面色块的抽象节奏感更加突出。该作品采用的是最基本的纯平面印刷工艺，但不同版面印刷的色彩极其丰富，在视觉感官上营造的空间感也很大。其不同颜色色版的印刷和协调也可以更好地表达作者的设计创意，提升了作品的夸张感和生动感，有着强烈的色彩呈现力和视觉感染力。

三、印刷工艺与书籍设计中的材料关系

材料被应用于现代生活的方方面面，人类的衣食住行都与材料密切相关。材料是人类进行各种活动的基础，而在材料的选择上也会因为不同历史时期而产生差异性。造纸术的发明之前，书籍材料的选择种类各异，如刻在龟甲上面的甲骨文，刻在石器上面的文字，记载在动植物皮毛或是枝叶脉络上面的书籍文字等，直到造纸术发明后，人类开始使用纸作为主要材料进行书籍装订。随着科技的发展以及工艺加工技术的进步，人们开始尝试利用新的工艺技术加之新型材料为书籍装帧设计的发展注入新时代的气息，丰富了现代书籍材质的内涵。

在书籍设计中，一本完整的书籍，除需要有品质的设计，还要历经多种工艺环节，不同的工艺形式会使得书籍作品呈现的最终效果有很大的差异。

（一）书籍印刷材料与印刷工艺的互动

材料与工艺是互为补充的，不同的材料所需要的工艺技术不同。比如，金属材料就需要裁切、打磨、烙印等工艺技术，材料与工艺形式的这种互动，也对工艺技术提出了更高要求。

春秋时期的典籍《考工记》中有这样的文字记录："天有时，地有气，工

有巧，材有美，合此四者然后可以为良。"①这就阐明了良好的、科学的设计作品，不仅需要设计师恰当地选择材料，还需要合理地运用工艺技术，在书籍设计中，材料与工艺技术是互为补充、相互统一的。在现代书籍设计中，材料、工艺是一项整体的活动，是书籍作者编辑书籍内容、设计师设计书籍整体版式以及外观形式、责任编辑负责校对、纸张供应商根据设计者以及书籍内容要求供应相应的纸张、印刷技工和销售人员共同配合完成的一项系统工程，每一个环节都是相互制约、互为前提的，它们共同保证了书籍的价值呈现。

（二）印刷材料与印刷工艺的结合

从书籍设计漫长的发展史中可以看出，材料与工艺相结合是每一次书籍变革的基础。因为材料与工艺是互为补充、相互制约的。书籍设计的工艺形式是由材料的特性决定的。当代书籍设计工艺制作流程丰富多样，使用不同的工艺制作，其成品在色彩、肌理、视觉与触觉感受等方面都有明显的差别。

现代印刷工艺的发展以及新型材料的推陈出新为书籍作品的最终效果提供了更多的可能。材料的发展不仅带动了印刷工艺的发展，也改变了原来传统的手工制作方式。现代工艺的进步则大大提高了书籍印刷制作的效率，而且也保证了书籍的质量。材料与印刷工艺的统一协调是一本书质量的重要保障，是书籍装帧设计的重中之重。作为一名设计工作者，应该在设计之前将材料的所有属性进行全面认识，对印刷工艺进行全面了解，从而契合材料的天然物理属性，设计出精美的书籍。

四、印刷工艺与书籍装帧设计的关系

（一）相互共生

印刷工艺与书籍装帧设计是相互共生的，两者缺一不可。没有印刷工艺，书籍装帧设计就无法实现。印刷工艺不仅对设计师的设计创意和设计思维有一定的促进作用，还能促使设计师合理地运用印刷工艺的表现手法将书籍本身的内涵充分地发挥和展现。而书籍装帧设计则为人们呈现了丰富的视觉享受，而如果没有优秀的、有品质的设计，再好的印刷工艺也无法实现这点。随着印刷工艺在书籍装帧设计中被广泛地应用，印刷工艺和书籍装帧设计的共生关系也表现得突出。

---

① 闻人军.考工记译注 [M].上海：上海古籍出版社，2008.

（二）整合关系

印刷只是一种手段，无法直接和社会需求相连接。设计师在进行书籍装帧设计的过程中，不仅要关注形态学、审美学、心理学，还要关注其他的经济要素和社会文化环境之间的关系。书籍装帧设计师要从书籍的内涵和文字出发，再将其与自己所熟悉和掌握的印刷工艺进行整合，从而产生设计创意，最终按照一定的印刷工序把书籍作品制作而成。因此，印刷工艺和书籍装帧设计之间的整合关系在书籍形态的物化过程中也是非常重要的。

（三）印刷工艺促进设计师设计思维

在新的印刷工艺层出不穷的今天，设计师应对各种不同的印刷工艺熟知并掌握于心。在书籍装帧设计工程中，设计师可以利用掌握的工艺手法进行设计加工和设计创作，有选择性地通过设计对熟知的工艺进行重新整合并创作出新的呈现效果，制作出富有新意、富有创新的书籍装帧作品，所以印刷工艺对设计师设计思维的促成发挥着至关重要的作用。

（四）印刷工艺提升设计表现

书籍作为印刷工艺的承载体，也起着非常重要的作用。印刷工艺作为书籍呈现的表现手法之一，可以实现书籍作品的形成，并且不同工艺之间的糅合还可以对书籍装帧的呈现效果有很大的提升作用，能够给读者带来富有创造力的视觉呈现，还可以充分表现出书籍设计中的视觉表现力，这也奠定了它在书籍装帧设计中至关重要的地位。印刷工艺能够使书籍装帧设计作品在层次、虚实等多种视觉感官上为读者带来极为丰富的体验和满足。

第四节　书籍设计的装订工艺

一、骑马钉

这是最常见的一种装订形式，是将印好的书页连同封面，在折页的中间用铁丝订牢的方法，适用于页数不多的杂志和小册子，是书籍装订中最简单方便的一种形式。

其优点是简便，加工速度快，订合处不占有效版面空间，书页翻开时能摊平。

其缺点是书籍牢固度较低，且不能订合页数较多的书，书页必须要配对成双数才行。

所以，使用骑马钉装订的书籍以不超过 120 页为宜，其一般用来装订页数较少的杂志、画册、企业宣传册等。骑马钉装订的书籍，书脊都比较平，如果页数太多，书脊会鼓起来，并且中间的内页也会突出，影响美观。

二、无线胶装

"无线胶装"又称胶装装订，是一种使用非常广泛的装订方式。这种书籍装订是将折页、配贴成册后的书心按前后顺序码整齐。订口在上胶之前要进行切割、打磨，然后用一种特制的黏合剂进行黏合。这种黏合剂韧性好、强度高，可以将每一页纸粘牢。上胶后再包以封面，最后对粘好的书籍进行裁切。

其优点是既牢固又易摊平，适用于较厚的书籍或精装书。与平订相比，采用无线胶装进行装订的书的外形无订迹，且书页无论多少都能在翻开时摊平，是理想的装订形式。

其缺点是成本偏高，且书页也必须成双数才能对折订线。

三、锁线

这是不用纤维线或铁丝订合书页，而用胶水料粘合书页的订合形式。将经折页、配贴成册的书心用不同手段加工，将书籍折缝割开或打毛，施胶将书页粘牢，再包上封面。其与传统的包背装非常相似。

其优点是方法简单，书页也能摊平，外观坚挺，翻阅方便，成本较低。

其缺点是牢固度稍差，时间长了，乳胶会老化使书页散落。

四、精装

精装是书籍出版中比较讲究的一种装订形式。精装书比平装书用料更讲究，装订更结实。精装特别适合于质量要求较高、页数较多、需要反复阅读，且具有长时期保存价值的书籍，主要应用于经典、专著、工具书、画册等。其结构与平装书的主要区别是采用硬质的封面或在外层加护封，有的还要加函套。

精装装订方式是现代书籍的主要装订形式之一，其特点是坚固耐用、美观大方。精装书籍的特别之处在书脊部分。书脊的上下两端分别有堵布头，且被牢牢粘在书脊的书心上，其目的是美观并保护书脊的两端。此外，精装书还有一个特点就是有环衬部分，它的作用是连接封面和书心，在精装书籍的封面和封底还要对环衬进行加工。

五、环订

"环订"的主要方式是金属环订，又被称为金属螺旋线环订。另外，还有双线和塑胶环订。

（1）金属环订。将金属螺旋铁丝圈卷成螺旋状，再穿入已经打好的装订孔中。在制作时，先将金属丝制成螺旋线圈，然后将螺旋线圈依次转入打好的孔中，最后将线圈的两端折弯，这样就完成了整个装订过程。

（2）双线环订。装订材料用的是双线铁丝环，将其加工成型，穿入已经打好的孔中就可以了。

（3）塑胶环订。其与双线环订的装订方法一样，唯一不同的地方就是装订材质不同，塑胶环订用的是塑胶环，不是铁丝环。

环订有一个明显的优点就是可以将整页书完全平铺展开，方便翻阅。但要注意的是，在设计这种装订方式的书籍时，设计师要处理好跨页图片，避免图片与线圈订口处发生冲突而影响版面的美观。

六、加式

其全称为加拿大式装订，特点就是在环订活页外面包裹了一张封面纸，形成了书脊面。

（1）全加式。利用书脊与封面两位一体，将里面的铁丝圈包裹起来。

（2）半加式。在一面封面上压出了一排小孔，这样金属线圈就露出了一半。

七、混合型装订

在此，我们还是以《生肖的故事》这一儿童书籍为例，对混合型装订进行阐述。设计师在设计时考虑到知识的丰富性、趣味性，以及可以让孩子有序地阅读，所以在整体的装订上选择了不同开本混合装订的形式进行设计。书籍整体是一本胶装书，翻开里面可以看到除《生肖的故事》以外的《生肖说》《生肖趣事》等不同开本大小的小册子，两个册子用骑马钉装，分别展示了十二生肖以及关于生肖的周边知识。其中《生肖的故事》尺寸是 25 厘米×25 厘米，是整本书的主体，主要就是介绍十二生肖的来历以及和每个生肖有关的诗词。《生肖趣事》尺寸为 25 厘米×15 厘米，主要是讲关于生肖的常识和一些趣味小知识。《生肖说》尺寸是 15 厘米×15 厘米，讲关于生肖所延伸出来的小疑问。虽然每个册子都是独立的，但组合在一起就是一个整体，每个册子都是这本书不可或缺的一部分。

　　之所以采取这样的装订形式，是因为书中想为小朋友们展示的内容过于繁杂，如果把所有内容都紧凑地安排在每一一章节里会显得混乱，并且会让小朋友分不清重点。这样把重点知识放在大开本里作为主体，而把其中的周边知识做成小开本，当作是趣味延伸来进行展示，重点就会一目了然，不仅让整本书的内容变得丰富多彩，更让阅读过程充满趣味性。

　　这套书籍除了应有的封面外，还在外面加了一个透明包装。虽然此作品的设计重点在于版式设计，但在整体的设计中，书套也属于其中一部分，为书籍提供趣味性，成为其特别性的点睛之处。透明材质的材料不会阻碍视线，可以让书的内容一目了然，它的存在既为整套书增添了特别之处，又不会夺走书籍本身的亮点。因为这套作品的受众群体主要是儿童，所以这样材质的包装除了简单、有趣之外，也展现了它的实用性，对书籍本身提供了一定的保护。

第七章　中国元素在书籍装帧设计中的应用

随着信息时代的到来，书籍装帧设计技术步入新的发展时期，新媒体艺术带来的新的挑战也改变着书籍装帧艺术的传统存在形式，而在东西交融的环境下，中国元素同样正在改变着在传统书籍装帧设计中的应用。本章分为东西交融的设计艺术表现、中国书籍装帧设计的文化内涵、中国元素在书籍装帧设计中的运用、时代的发展对书籍装帧设计的影响四个部分。主要包括：中外书籍装帧设计现状、影响因素及比较，中国书籍装帧设计的信息传达和文化内涵，中国传统元素与书籍装帧设计的结合及运用，信息时代和新媒体环境对书籍装帧设计的影响等内容。

第一节　东西交融的设计艺术表现

一、中外书籍装帧设计现状

（一）装帧艺术发展状况

伴着时代演变，在各大传媒百花斗艳的发展形式中，传统的书籍装帧正面临着瓶颈，信息技术的进步使其肩负着巨大的压力和挑战，因而，设计师不能囿于原有的思想和设计思维，必须勇于创新，以前进的视角和发展的观点去适应现代发展的市场和其具备的审美特点，使得所设计的书籍能够令人眼前一新，不仅便于阅读，还能具有被收藏、被欣赏的内在价值。在市场的宏观调控作用下，装帧设计要不断地适应市场的变化，设计理念要以本时代最有力的、最具有代表性的意识为基石，不断深化，为读者提供更好的阅读体验，使之享受阅读，感受文化渲染力量，为国际市场上的中国装帧艺术打响国际影响力。

综合评价国内外的装帧艺术，可以总结出以下观点：一个完美的设计作品是设计师设计思维与装帧表现的汇总。在外形方面东方设计常常采用简单的线条，简单中又蕴含着作者复杂的情怀；西方设计常常采用色彩混搭，突出层次感，表达着人物内心的渴望和个性。在颜色挑选方面，东方的侧重点是抒情，最具有代表性的就是水墨丹青的展现形式，东方传承的文化中体现着墨分五色之说，注重的是色彩分明、凸显层次；而西方则是侧重于写实，将所见所闻一一记录，以达到身临其境的真实，注重的是色相的调整。在文字描述方面，东方一气呵成，常用书法显示文字，而西方仅仅是二十六个字母的任意排序，多了一份突兀，不过也显得较为整齐。

在现代科学技术快速发展下，大量的新鲜事物相继涌现，新技术、新材料、新观念、新思路的出现，使书籍装帧艺术得到了新的活力。装帧艺术在与国际接轨的同时，必须保留其本来具有的风土人情，更加深入地探索追溯其隐藏的、能代表民族本质的因素。设计师要充分发挥自己的创意思想，将现代与传统结合成新风格，才能在国际市场上引领潮流。

书籍装帧艺术应寻求多元化美感，将艺术与工学相结合，将视觉图像与装帧材料相结合，将印刷工艺与装帧艺术相结合，将文字构成的书籍内在美与材料及工艺物化构成书籍的外在美相结合，形成书籍装帧设计的再设计。近年来，部分西方国家已经逐步实现书籍多元化形式，尤其是欧美的一些发达国家，已经让书籍展现形式趋于立体化、声音化、感觉化，这些都是以科学技术为发展基石而一步步研发出来的。

无论是哪一种独特的书籍设计，首先必须深刻立体地体现设计者想通过设计表达的情感。其次是采用最恰当的实用技术展现设计方案的应用价值。要想使当前的设计引领现代潮流，就必不可少地要引入高端的科技手段和别致的设计工艺，因此，在设计领域，需要时刻保持科技进步动态与装帧设计的相互关联，不能只顾着强化设计观念而忽略制作工艺自身的进步发展。唯有二者相互影响、相互促进，才能使设计师的设计更上一层楼。

在当前电子书籍的冲击下，后十年我们的书籍设计会不会发生变化、会发生什么样的变化，如今无人知晓。然而，立足数字时代，人们更应该去拥抱数字技术，让它们为我们服务，将传统与现代融合在一起，高品质地发展设计，让设计为读者所需。

（二）装帧设计西学东渐

将中国的书籍艺术发展历程与欧洲的书籍艺术发展历程进行对比，就能发现，在古腾堡发明铅合金活字模印刷术之前，中国与欧洲的印刷技术发展进程大抵相似，而在古腾堡发明了铅合金活字模印刷术之后，欧洲的印刷技术水平与书籍业的发展变得异常快速，而且延伸内容也趋向丰富化，如书籍设计、插画设计等。再返过头来看中国，在相当长的一段时间内仍然继续使用胶泥刻版的印刷技术而没有做任何改进，导致其印刷业发展相对缓慢。虽说造成这种差异的因素不仅仅是西方因素是印刷术的发展，但是它确实是导致中国书籍设计落后于欧美的一个重要因素。同时，发展进程的缓慢也导致经营模式固化，人们难以从固定思维中走出来求得创新。

国内近现代书籍的发展受到五四运动新思潮传播的影响，由于新思想需要借以书籍这个媒介来传播，因此书籍、书刊和广告迅猛发展，从而促使书籍设计的进步，在新思潮影响下，书籍设计也开始融入新颖元素，然而此时人们单纯照搬西洋设计，没有融合本土文化特色，导致书籍设计根基不稳固，且风格大多偏向单一，几乎千篇一律，容易使读者产生视觉审美疲劳。

通过近现代的书籍设计发展史我们可看出，中国在书籍装帧以及印刷上都是以西洋传播过来的技术与方式为主要参照。我们现在所看到的书籍设计尽管丰富多元，然而就其实质来说几乎都在照搬西方的艺术理念，西方的设计从表象上看，色彩出挑，造型多样，有的给人感觉甚至是光怪陆离的，然而这些都不只是设计师在玩简单的形式游戏，而是其通过个性的造型与颜色的搭配传递信息，但国内设计师并没有很好地理解其中深层含义，一味简单照搬套用，结果造成图不对题的现象。

从近现代发展史看，我国早期已经对中外艺术审美做了深入研究并进行规律总结和归纳，按理说，学者们完善了国内的艺术审美价值体系，对后人具有指导性意义。但单纯遵照规律，设计师们就会缺乏自己的创意思维，陷入单一审美模式。如此，设计师们便很难拥有自己的思想，在创作的过程中也只是将符合当前潮流的思路直接套用。这种一味套用外界的设计思维而不在理解本土文化的基础上进行融合再创作的方式很难引起读者共鸣。

如前所述，尽管西方的设计思维确实有很多闪光点值得我们学习，但它们之所以闪耀并成为潮流正是因为顺应了本土文化和思维方向，而我国设计师在学习这些精华的同时并没有体会到其背后的根基奥义，忽视了本土文化对设计底蕴的重要性，没有将外来流行元素与当地文化很好地融合在一起，而是将之直接套用，从而导致"张冠李戴"的设计现象频频出现。西学东渐自然有其好处，即可以取长补短，然而如果一味取长却没有及时补短，无异于杀鸡取卵，这样的"西学东渐"并不可取。因而在现今社会中，艺术思潮如何实现独立、如何实现创新已成为亟待解决的问题。

（三）装帧设计积重难返

从历史的演变上来看，我国丰富多样的书形书色凭借其深厚的文化底蕴，在书籍艺术上的造诣上显然更有优势，但现状并非如此。在新文化思潮之后虽出现了大批学者，且在艺术上也有较大的贡献，探索出美的内涵与规律，为后人提供了宝贵的借鉴资料，但放在现今的设计角度上看，其理念未免太过于单一，且思维模式僵化，不利于创新思维的产生。

我国内的艺术教育在模式上存在很大的缺陷，初期的教育只注重打好扎实的基本功（即构图、造型、素描和色彩的基础训练），而忽视了创新思维能力的训练，殊不知独立创新思维是设计的根基。何谓设计？设计本就是将自己的构想、构思用有规律、有计划的方式与手法表现出来，而构思则是设计的本源，只有有了设想，设计师才能用已有的基本功将之展现出来。没有思维而进行固化模式的创作不叫设计，叫照搬照抄。

现今的设计教育极度缺乏训练独立思考创作的创意教育，由于缺乏这教育内容，许多专业院校以及设计院出身的设计师们在设计作品上缺乏新意和视觉冲击力，设计模式单一，显得乏善可陈，没有展示出富含本土文化又不失新潮的设计氛围，这样的教育方式和这样的教育结果应令我们在今后发展中引以为戒。

在国内书籍设计刚起步的时候，欧美的书籍设计已经处在兴盛发展的时期，各种优秀的设计作品源源不断地在中国市场上出现。现今欧美国家对设计师更是相当重视，将其地位推到了一个新的高度，与纯艺术家平起平坐。国家政府的支持、文化的活力、客源的大流动量，无一不是优秀设计师不断涌现的强大助推力，其创作出的优秀作品数量可想而知，而现今我国内的优秀设计作品数量与国外相比起来可谓相差甚远。

所谓"十年树木，百年树人"，教育对人的影响十分深远，而"百年树人"又可见教育任务之艰巨，实为任重而道远。现如今，不断加快的设计步伐，夺人目光的外来新潮设计，已经让人很难静下心领会并潜心了解、学习本土文化，加之国内创新思维教育系统的尚需完善，使我们必须面对严峻的事实：国内设计远落后于欧美发达国家，教育模式亟须革新。

二、影响因素

在全球化时代的背景下，科技和经济的全球趋同化影响着东西方文化在传统与现代观念上的相互渗透。书籍作为全球文化产业的一部分，渐渐地成为人们提升自身修养以及文化品位的主要消费品。而东西方文化的交融同时也带来了书籍装帧设计的转变，随着书籍本身内容的变化，相应的设计形式也会随着变化。设计文化在这样一个文化背景下不断经历着冲突、融合、异化、发展的过程。

（一）环境因素

当前，国内外的书籍设计师们交流频繁，这就为书籍设计的发展提供了一个良好的成长氛围和无限的发展空间。在当今的设计中，不管是严谨的社科类书籍，还是感性的文学艺术类书刊，我们都能从中找到东西方文化交融下的艺术设计体现。世界不同文化中所具有的共同价值观是我们在做设计的时不应忽视的，比如地球村的概念、全球化与文化的多样性、对人性及其价值的理解、对人类生存状态的认识和态度、资源与环境保护意识等。书籍设计是这个大的文化观前提下的一个小命题。

（二）文化环境

书籍设计是将书籍作为一个整体来对待，要求书籍的各个部分在美学和情感上要保持一致的风格。装帧形式必须要以符合书籍内容为前提，在制作上做到最高的艺术水平和最好的技术水平相统一。书籍设计的艺术性在于文字的排版、比例，在于材料的情感肌理，以及在于是否构成了一个艺术品，能否体现一种文化氛围。书籍设计的作品不仅在视觉上要满足人们欣赏的需求，在触感上也要使人舒适。

在东西方文化交融的大环境下，我们要注意继承和发扬中国的传统文化风格，不能一味地模仿和抄袭西方的设计元素。完全西化并非一件好事，我们要在创新的同时学会坚持自我。东西方文化之间存在差异，对于书籍设计中的文化表现而言，关键在于对文化传统的价值体系的重建。中国传统设计文化中的思想理念和智慧需要我们挖掘整理，修复其在当代社会语境下的断层并完成现代性进程，这里面有许多实实在在的事情要做。如果设计师不能在文化思想理念及其核心价值层面去思考和理解设计，那么不管是西化的还是传统的设计，往往都会成为比较表面的视觉元素的拼凑游戏。

协调国际化与本土化的关系靠的是不同文化体系中所共有的普世价值观之间的沟通，而不是把符号或元素简单地标签化。文化的形式呈现各种各样，如建筑、服装、广告、工业产品等，它们都是承载着一定文化内容的物质形式，只不过它们的符号形式和语言特质不同而已。书籍设计在多种文化的影响之下，要寻求其自身准确且有意味的设计表达语言，满足多元文化层次背景下的现代审美要求，如欧洲古典主义的设计风格、美国的自由主义版面设计语言、日本和韩国具有东方神韵的文化符号，以及我国传统水墨书画所具有的神韵和通透等。

符合自己民族特色的设计具有真正的生命力，中国传统书籍的设计之所以曾经达到过令人叹为观止的高度，是因为中国的传统文化具有相当的高度，中国传统书籍形式将当时生产条件下的各种因素利用起来，实现了完美统一。那些内在的、中国人独有的审美气质和文化智慧在现代书籍设计中当然也有着很大的展现空间。不过，表面地模仿、简单地复古并不可取，因为相关环境和条件已发生改变。我们要从艺术中吸取养料，不能生搬硬套，应在理解的基础上取其"形"、延其意，从而做到传其神，逐步探索出自己的书籍艺术设计特色。我们要基于中国传统民族艺术精髓，用国际化语言进行表达，把我国传统文化的精髓融入现代书籍装帧设计中去，将民族的艺术特色和世界的设计语言，共同融合成现代书籍装帧设计的主流。同时，新技术、新材料、新工艺也为当今设计师们拓展了更大的施展才华的空间。

三、东西方书籍装帧设计艺术比较

(一) 图文编排版式设计

1. 国内

版式设计是随着书籍形式上的演变而发生变化的，早期的甲骨刻辞上为象形文字，是现代汉字早期的雏形。到后期的简牍简册、卷轴、线装本等，其排版方式都是"从右至左，从上往下"，文字纵向排列。这样的排版习惯一直保留到清末民国时期，直至五四新文化运动之后开始才有所改变，编排方向变成"从左至右，从上到下"，文字横向排版，段落首行缩进两个字符。这样的排版方式一直沿用至今。

纵观从甲骨刻辞到今天各种各样的书籍，不难发现，在内容上的排版有非常明显的共同之处，即：图少字多。除开现在儿童类书籍之外，大多数书籍内容在字体、字号、行间距上虽与以往有微妙的不同，但大体上仍保有旧时格式，通篇的文字易让读者阅久生厌，鲜有插图配文编排，"书卷气"固然有，但难免死气沉沉。尽管也有的书配有插图看似较为生动，然而常存在生搬硬套、图不对文等问题。通观现代国内的书籍装帧设计，从整体来看，图文穿插编排没有很强的节奏感，版式设计划分单一，划分形式缺乏多元化，总体形式单薄，因此没有强烈的逻辑感，读者容易误读或者感到内容不知所云。

国内书籍内文与插画排版也是千篇一律，排版的方式除开细微差别之外总体一致，插图配内文的排版方式被固定在一个模式内，没有突破点，没有自成的风格与特色，缺乏创新感；其重点突出设计外在的形象而缺乏对内容的重视，虚有其表，导致内容整体不协调，脱离实际，从而显得不伦不类，让读者有种上当受骗之感。总结起来主要有三个缺陷："千篇一律，缺乏创新理念支撑""图不对文，图文编排逻辑不清晰""形式夸张，华而不实、假大空"。

国内书籍设计之所以会出现这些弊病，除开国内缺乏书籍装帧艺术这方面的教育之外，和国内专业设计人才能力不足有很大关系。国内专业设计人才很多没有接受过正规的培训，没有透彻了解其设计的精髓，更没有大胆推陈出新的创意与勇气，因而导致在设计的过程中一味照搬照抄、生搬硬套，一味追求华丽夸张的设计效果……设计出来的版式自然会显得没有生命力、缺乏动感，读者无法充分感受到有活力的阅读氛围，加之书籍的重点错位，也会导致读者神游书外，不能潜心关注书内所要传递出的信息。

中国的历史悠久，它深厚的文化底蕴也为世界所赞叹，若国内设计师能对对本土文化有了一个比较通透的了解，再与现代设计理念结合并加以利用，一定能设计出优秀的作品，促进国内书籍设计艺术上升到一个新的高度。

2. 国外

（1）欧美

其主体有三种版式设计，分别是古典版式设计、网格版式设计和自由版式设计。

古典版式设计发源于古腾堡时期，自从 500 多年前古腾堡发明铅合金活字印刷机之后，他创立的这种古典版式设计一直被沿用至今，并在现代书籍版式设计中仍占主体地位，它是以装订订口为轴心，延伸左右为书页并且对称的形式，其书中内容版式编排有着严格的标准限制，如字与字间距、行间距、字号大小、字体选择有着统一的选择标准，内文四周则依据书本的大小和内文的要求等实际情况来选定比例留白，内文格式多为单栏或两栏，这种传统的古典版式到今天仍被大量使用，可见其经典之处。

20 世纪初，欧美国家开始出现了网格版式设计，到 20 世纪 50 年代，瑞士完善了这种版式设计的内容，它的特点是严格按照数学计算得出相应结果，依据这些结果划分出个统一尺寸的网格，并套用在版心上，由此其版心版式划分就不再只有单栏格式存在，而是出现了二栏、三栏到多栏的格式划分，它在古典版式的基础上增加了分栏比例，具有古典版式所没有的严谨不失活泼、活跃不失秩序、逻辑路线清晰等特点，通过这些计算比例标准的分栏划分尺寸来对图文进行排版，有利于版式的多样性和有序性，这是版式设计进步的一大标志。

到了近现代，出现了自由版式设计，这种版式设计理念来自意大利未来派诗人费立波·马里涅蒂发起的"未来主义运动"，其思想受当时无政府主义思潮的影响，因此反对任何传统的艺术设计形式。在这一时期，很多平面设计艺术家设计了大量自由版式设计作品，字母不再是单纯的文字，而是构成画面的重要元素——它颠覆了文字传统功能的概念，跨越了传统的表达内容功能性，蜕变成视觉符号，活跃于各种各样的平面作品之上，人们可以用这些视觉符号自由编排和设计画面，而不用受任何传统原则的限制。它的内容如字面上的释义，版式划分自由、视觉元素挑选自由、思想自由、突破传统。

当然，这样的自由版式设计并非简单的漫无目的地乱涂乱画、显得毫无章法，而是经过一定的逻辑形式进行来设计的，自由版式设计依旧保有基本的设计规则：点线面的搭配、色彩搭配、空间构造、纹样肌理等。目前主要是一些特定出版物采用这种版式设计，它可根据版面的需要做出任意的调整，且不失条理逻辑性，在融入可读性的同时还能够增强主题思想。这种版式设计方式在平面界可谓拥有强大潜在力量。

（2）日本

日本的版式设计极具本土特色而又不失当下的时尚感，虽在早期与中国近似，然而在西欧文化传播到日本之后，日本便不断吸取着西欧文化的精髓，加上日本对教育的重视，都为书籍艺术进步提供强大动力。日本在吸收西洋文化的同时也在不断地强调与保有自己的本土文化，终成极具日本特色的书艺风格。从总体上看，日本的版式设计主要有两个特点。

第一是版式上非常整齐，形成强烈的有理有序的秩序美。用图形来形容的话，就是方正规矩，有着明显的直线形式，点状整齐排列等，它的特色就是秩序上有独特讲究，虽然这在充满创意而新颖的设计圈中显得过于传统，容易陷入呆滞死板，然而在合适的地方使用这种版式则会脱颖而出。经典之所以成为经典，不外乎把握住人的心理以及顺应本土文化的始源方向，日本设计师在书籍设计中将传统与设计元素融合在一起，为广大观众所接受。在日本如博物馆、公司主题招贴、官方网站等，就常采用这种整齐划一、富于逻辑且条理极为清晰的版式设计。

第二就是在图文编排的过程中采用分散的方式，借此营造视觉动感。如果用音乐来比喻版式设计的话，那么传统的整齐划一、明显清晰、有条理的版式给能人以强烈的节奏感，而看似毫无规则的散乱版式则会让人觉得像旋律欢快的音乐，因其看似无序而内在却藏有一定的阅读规律，所以能在无序中引领人们轻松地进行有序阅读。

（二）插图设计

欧美国家的插画与亚洲国家插图有很大的差别，在插画市场中最新潮、色调最出众的当数欧美风插画，视觉的张力在这里被无限放大，虽然亚洲地区一些国家也紧随其后，但从总体上看，欧洲地区的插画影响仍大于亚洲。

插画作为书籍装帧设计艺术中重要的组成部分，它是艺术家们将书籍文字创作者所表达的思想用图像转化成直观可视信息的艺术，通过插画我们可以生动地感受到作者传递的信息。因此，插画有着不同的功能性，大体分为两种：技术性插画和艺术性插画。

前者也叫科学插图，一般被用于医学、动植物学、机械工程学、天文、物理、军事等工具类书籍，如《本草纲目》中绘制的植物，医学类型书中的人体、器官解剖图等为文字作直观解释说明的图画都是技术性插画。工具类书籍借助这种类型的插图，可以弥补文字的缺陷，因为有很多光靠文字难以说清或单用言语无法表达清晰的事物。技术性插图有着至为关键的作用，它为读者提供了正确理解文字内容的捷径。

技术性插画并不需要太强的艺术表现力，因为它必须如实描绘事物，遵循科学的真实性与严谨性，突出事物的本质部分，而忽略与之无关次要的细节，使读者观之一目了然，而且技术性插图要绘制规范、线条清晰流畅，在这样的基础上，读者阅读起来能非常轻松愉悦，因此，一副如实描述事物、忠于对象的技术性插画才是一副好的技术性插画。

艺术性插画则是为文字内容带来生命力，使得满篇文字不再显得冗长死板，多用于文艺小说书籍、儿童书籍、音乐书、美术书、戏剧类书籍等，它在文章内容限定的要求范围内进行创作，利用设计中的点、线、面、色彩、空间的重构等元素，将文字内容用图画的形式生动地表达出来。这种艺术性的插画可以是具象的，也可以是抽象的，对于文字内容来说它是文学的延伸性表达，用艺术的手段升华了文学，读者在图文并茂的世界中被激发出联想，能强烈感受到书籍传递出的文艺气氛。

欧美插画有活跃的生命力，并具有一定的诙谐意味，这与它自身所谓的"牛仔文化"是息息相关的，其充满着诙谐幽默感又不失艺术感，在对事物的写实能力上也非常到位，如欧美素描人物基础的教学，是先从内部骨骼开始，让学生将人体骨骼部分了解通透，再练习肌肉肌理，最后才学习表面的构造，这样的好处是绘制人物的基础功扎实，能准确抓住人物的面部特征与姿势动态，而在东方尤其是我国，学习顺序是反过来的，且大多是学习完表面构造就结束教学，没有深入学习，基础不稳固。从教学方式的不同就能侧面观察出中外插画的本质区别，受根基的深浅、文化底蕴功力厚薄等多方面原因影响，使得国内插画只能跟随着外界潮流而没有引领潮流的能力。

（三）整体设计

1. 书籍的外部

我国国内的书籍整体设计在讲究的程度上并不亚于欧洲，从国内书籍装帧设计发展史中可看出，在如何方便阅读以及如何完善保存书籍的问题上，古人有详细的研究并借此积累了丰富的装帧经验，在那个时代有相当多的制书作坊。不过，虽然有完整的制书工序，但人们没有系统地提炼出装帧的概念。尽管如此，古人依旧对书籍十分重视，并对之进行了仔细的推敲，如书籍函套就是一个典型的例证。

从早期的简牍简册装到后期为方便携带而改用绢帛书写，再到广泛使用纸张，我国书籍设计几经发展。造纸术的出现使得书籍文化历史迈出了一大步，并且由此催生出各种各样的书籍装帧形式，从早先的利于携带的卷轴装，到后期便于快速翻阅的旋风装、包背装和线装本等。

我国的书籍文化有一个明显的演变历史线，即甲骨刻辞（记录文字和历史）—简牍（方便完整记录和抄录）—造纸术的出现（在完整记录文字的基础上更便于携带）—经折装、旋风装、蝴蝶装、包背装、线装本（不仅能满足速记抄录与便于携带的要求，还便于快速翻阅和查找）。

一个改变过程直观折射出书籍形式的形成，在这些形成的过程中，书籍的外部包装也在不断完善，从单纯保护书籍免受污损的书皮包装到后期保护整个书籍免受磨损的函套，到后来木匣的出现，无论函套上的花纹、开函的形状与式样、木匣的打开方式、外部的雕花等有着怎样的改变，其都基本保有旧时的形式。

反观欧洲，在造纸术从国内传播到欧洲之前，他们最初受到来自古罗马文化的影响，后在此基础上生出属于自己的文化，从起初用草纸记录文字，到后来改用羊皮纸作为书写的材质。由于羊皮书质地精细贵重，故人们将其夹在两个薄板之间，并在板上包上皮质书皮作为装饰，后又在封面上加以宝石、印压花纹样等进行美化，由于书籍的制作与抄录费工费时，因此书籍在当时并不多见，只为达官贵人与寺院所有。

到后来国内造纸术传播到欧洲，古腾堡发明铅活字印刷术，欧洲书籍市场迎来新纪元。在早期艺术装帧的基础上，书籍不仅轻便好用，且装饰精美，加之当时社会对文化近乎狂热的崇拜，使得人们愈发对书籍内外在的气质与内涵提出更高要求，且各种需求也在不断被细化，这也成为书籍制造业的根源动力。借着较高艺术审美水平和印刷业发展的力量，欧洲书籍装帧设计艺术的力量和发展结果自然不断向好。

2. 书籍的内部

（1）纸质

纵观国内外，在纸的材质上的挑选并无太多的区别，只是在历史演变的过程中有所差别，如古罗马、古埃及是在纸草纸、羊皮纸上进行书写抄录的，而后国内造纸术传播进来才开始采用纸作为书写材料；而我国起先用龟甲兽骨、石墙等硬质材质刻书，之后用竹片、缣帛，最后才是纸张。从历史演变的对比上看，国内在书籍上的艺术从书写材质方面来看有着比欧美有更为丰厚的资源。如今可挑选的纸质品种样式繁多，如铜版纸、双胶纸、牛皮纸、新闻纸、玻璃纸等，纸上的纹样和纸的厚薄决定了其适用范围，如厚铜版纸一般被用于封面和海报，而薄的铜版纸多被用于书内页的彩页以及宣传单等，玻璃纸多被用于书的扉页，以达到素雅清新的效果。

（2）版式

虽然我国在装裱书本、便于快速翻阅的历史上比别国更胜一筹，然而在内容的版式设计除了与古腾堡古典版式设计接近之外并无闪光点，只在行间距上加宽，方便作注脚和记批语，且由于文学之风盛行，故书中有插图的情况较为少见，通篇的文字过于冗长，虽然条理清晰，然而看久了难免会"审美疲劳"，使人有昏昏欲睡之感。

而欧美地区在图文上有更大的创新空间，不仅在内容版式上进行分栏设计，还在分栏中间空白处以及四周空白处加以图案花纹装饰，在内文中也配有插图图案，版式设计上更倾向于图文穿插编排，在没有插图的内容中也会将一些精致优美的花草藤图案绘制于内容周边，或在天头地脚上，或在页码上，故而书籍内容在充满"书卷气"的同时也充满了生命力。这是由于早期欧洲受古罗马、古埃及文化的影响较深，后期其在此基础上不断改进创新而形成了自己的新文化。

日本早期的书籍装帧和中国装帧是非常接近的。后来，日本开始注重教育改革，因此在书籍的内容版式设计分布上下了一番功夫，虽然其在图文穿插上对比欧美版式形式来说还是比较保守，但在这保守之上却也有更多崭新的创意点，其图文的编排逻辑关系连接非常紧密，通篇井然有序，图文排版错落有致，且插图并没有喧宾夺主，在烘托文字之余还突出了内容重点。

第二节　中国书籍装帧设计的文化内涵

一、书籍装帧设计的信息传达

在我国古代，书籍多以简册、帛书等形式出现，经历了编简、卷轴装、旋风装、经折装、蝴蝶装、包背装、线装等几种装帧形式，有着墨香纸润、版式端正、风格古朴素雅的特点。现代意义上的书籍是在五四新文化运动以后逐渐发展起来的，受西方科技和新文化运动的影响，书籍装帧设计得到了新的发展。中华人民共和国成立后，随着出版和印刷行业的日渐繁荣，书籍装帧设计风格日趋多样化，开始强调图书外观和内容的整体性。而如今，书籍装帧设计除了要具有醒目别致的封面设计以及吸引读者眼球的编排以外，更要注重对图书文化内涵的表达。

下面，我们主要阐述分析封面、扉页和插图这三个要素。

（一）封面

封面是一本书给人的第一印象，可以说是书的门面。因此，封面设计的重要性是不言而喻的。封面设计通过艺术的形象、合理的形式、舒适的排版等反映书籍的内容。同时，封面还能够起到吸引读者眼球、带动销售的作用。

（二）扉页

扉页并不是每本书中都有的，但其作用却在书装的不断发展中被越来越多的读者所重视，如其可被用来签名纪念或者抒写感受等。一本好书如果缺少了扉页，往往会给人一种不完整的感觉，因此，现代书装中扉页的设计越来越重要。扉页所采用的材质也越来越多种多样。比如，有的扉页采用一种半透明的硫酸纸之类的材质，不仅可以起到留白书写的作用，还能够产生一种半透明的美感。

（三）插图

插图也被称作插画，一般分为手绘、摄影、电脑绘制等多种形式。在这个快节奏的社会，人们对于纯文字的阅读兴趣越来越低。因此，书籍中的插图设计就变得十分重要。好的插图除了可以缓解阅读时视觉的单调性，还可以起到与文字呼应的作用，使得文字更加生动活泼。

二、书籍装帧设计的文化内涵

书籍装帧是伴随着书籍的产生而产生的，而书籍的装帧设计风格则是与所处时代的科技发展、工艺变化以及时代的审美文化存在形态相关联的。下面，我们结合书籍装帧设计的发展历程对其中蕴藏的文化内涵进行阐述分析。

（一）古代书籍装帧设计的品位

中国有着五千多年的历史，有着深厚的文化底蕴与精神内涵。传统文化或者说文人都十分讲求品位，有"人品既高，气韵不得不高，人品不高，落墨无画"之类的说法。比如中国淡彩水墨画，在整体氛围上讲求"气韵生动"，在布局排版上讲求"计白当黑""密不透风，疏可走马"，画面中还蕴含着阴阳调和、刚柔并济等理念。因此，传统书籍的材质、色彩、设计、制作也都十分注重高雅、古朴的品质，这与古人心中的品位是息息相关、一脉相承的。就拿传统书籍的设计形式来说，最初是竖排右翻线装本，之所以采用这种形式不仅是因为它从书简发展而来，也因其蕴含了中华民族刚直的民族气质。

（二）五四时期书籍装帧设计的文化价值

五四新文化运动的产生开启了我国书籍装帧设计艺术的现代性发展之路。其中，鲁迅作为中国现代书籍装帧设计的先锋，大力倡导融合欧美、日本等国的装帧风格，并在此基础上设计出具有现代中国特色的书籍装帧艺术。同时，鲁迅还带动了当时一批著名的画家，如丰子恺、司徒乔、陶元庆等人，加入中国现代书籍装帧设计的行列中来，他们设计创作了很多具有中国民族特色与时代特征的书籍，极大地推动了我国现代图书装帧设计艺术的发展。

当时书籍装帧设计的文化价值主要体现在两个方面。

一是文人亲自参与设计。鲁迅、闻一多、巴金、曹辛之等文人都曾经亲自设计过书籍装帧。如鲁迅设计的《域外小说集》，闻一多设计的《红烛·死水》等。

二是文人指导设计。这也可以说是文人与设计师之间的一种沟通。文人把自己对书籍设计的思想转达给设计者，用自己的设计理念去引导或者影响设计者的思想。比如，鲁迅先生就曾经多次因书籍设计问题与陶元庆进行沟通，从而使得书籍设计达到理想的效果。不管是文人参与还是直接进行的设计都使得书籍的装帧设计体现了文人的艺术追求，从一定侧面上映射出了他们的人格、思想和美学格调。文人与书籍设计的联系使得我国书籍设计开始出现一种新的变化，从过去的粗糙转为精细，在提高书籍美学价值的同时，还增强了设计的内涵。

（三）新时期书籍装帧设计的书卷之美

进入 21 世纪后，信息大爆炸对人们的审美观念起到了很大的影响，书籍装帧设计也由此受到了很大的冲击，特别是电脑、网络等高新技术的发展，更是对图书的装帧设计起到了根本性的影响，使其呈现出更为独特的审美设计特征，体现了审美与实用、整体性与综合性、时代感与民族性的有机融合，尤其是"如何既顺应时代的潮流，又体现出对民族本土文化以及审美情趣的传承"，可能是书籍装帧设计发展道路上永恒不变的话题。

也正是在这个背景下，"书卷气"的概念被提出、被更多关注。现代商业社会强化了书籍的商品属性，于是"书卷气"与"商业气""广告气"之间产生了痛苦的冲突，也经历了艰难的磨合。加之外来文化的冲击，对传统审美观念形成挑战，迫使人们不得不对书籍装帧设计的"书卷气"加以关注。

书籍装帧设计的书卷之美主要体现在两个方面。一是设计师的文化素养。书籍装帧设计的书卷之美是通过设计师的设计体现出来的，因此，设计师的文化修养直接关系到装帧设计的内涵，这无疑对设计师也提出了更高的要求。二是知性的内容。书卷之美并不适合所有书的风格，它要求书的内容本身要具有知性的内涵。

总之，当下的书籍装帧设计，要在本民族的艺术土壤上，不断创新发展。这样，我们才能设计出既有内在文化底蕴，又与时代精神相契合的装帧设计方案。

第三节　中国元素在书籍装帧设计中的运用

一、传统元素概述

（一）传统元素的概念

传统元素有象形文字、饕餮纹、中国书法、中国红、印章雕刻、木刻、年画、剪纸、皮影戏、太极等。呈现图形有动物、云、植物、波纹、水、火、线等，神秘大方，优雅美丽。从传统中提取装饰元素，融入当前的设计，其装饰效果会非常神奇。

（二）中国传统元素与书籍装帧设计

伴随社会的发展，人们在精神层面有了越来越高的需求，因此，越来越多的书籍涌入人们的视野当中。伴随着全球化进程的加快，越来越多的西方设计元素涌入国人的视野当中。但当西方设计涌入得越来越多，同质化现象也越来越严重，因此在这个过程中，书籍装帧设计要不断地回归中国传统文化，在借鉴西方设计技巧的同时，更好地运用中国传统元素吸引人们的眼球。

中国悠久的历史与底蕴深厚的文化孕育了中国传统元素丰富与独特的文化艺术内涵。中国传统元素丰富多彩、形式多样、内涵深厚，它的广泛应用体现了中华民族的文化特色，对当代书籍装帧设计发展起到积极的推动作用。在设计中运用中国传统元素，不仅能将传统元素与现代设计完美地结合在一起，还能赋予书籍装帧设计更多的内涵和新意。书籍装帧设计是一门独立的造型艺术，我们要有意识地借助中国各种传统元素，多层面地传递民族文化，揭示它独特的审美情趣和深厚的文化底蕴。

二、中国传统元素的表象元素

中华文化源远流长，博大精深，是中华民族的灵魂。无论是中国的书法、皮影、木刻，还是水墨元素等传统文化元素都可以为书籍装帧设计提供更好的参考借鉴。我们要思考，到底哪些元素可以使得书籍装帧设计更加吸引人们的眼球。

以"字"的元素为例，在使用汉字设计时，我们不仅要注意其形状，还要注意其意义。古代人注重"形式"和"意义"的结合，创造出了古典的艺术符号。写作是所有装饰设计中最简单的表达，语言是物化符号。

再如"雕刻"，雕刻艺术是中国传统的艺术形式，如2008年北京奥运会会徽，在奥运会标志设计历史上可谓是一个重大的突破和创新。这只印章综合"北京"的象征，又像一个朝气蓬勃的年轻人，热烈欢迎世界各族人民光临。它在方寸之中，传达了人类无穷的智慧。

中国传统文化是一座取之不尽、用之不竭的资源宝库。我国的一些传统模式具有"图像必须是有意义的，意义是吉祥的"的内在特征。设计师在当代书本的设计中，可以采取多个元素，将其进行重组互动，与观众产生共鸣。

三、中国传统元素与书籍装帧结合的原则

如何将中国的传统元素更好地与书籍装帧相结合，怎样才能使二者达到完美的融合？在设计的过程的当中，我们需要遵循以下原则。

（一）突出整体

在书籍装帧设计的过程当中，我们需要把握整体，体现书的主旨，将书的主旨传递出来。而在整体的设计过程中，设计师要更好地传递中国的传统文化，将中国的传统文化元素完美地融入书籍装帧设计当中，使其能够更好地通过利用传统元素将主题表达出来。在这个过程中，我们可以利用书法、水墨元素、剪纸等多种传统元素，将其运用到整体的设计中，使得设计更加的具有中国风。

（二）中西结合并贯穿始终

在当今的书籍装帧设计中，设计者开始不断地将中国传统元素与西方设计元素进行结合，在设计的过程中，既做到对本民族文化的尊重，又做到对西方文化的借鉴，使得书籍装帧的设计更加的具有时代性。但在这个过程当中设计师也要牢记，一定不能出现民族虚无主义，不能完全抛弃本民族的文化，导致设计西化，让西化的装帧设计消耗了中国传统装帧设计。因此一定要将中国的传统文化与西方文化合理利用，更好地做出书籍装帧设计。

四、传统元素在现代书籍装帧中的运用

将中国传统元素中的文字、图案、色彩及装订形式运用在现代书籍装帧设计中，对当代设计有着很大的影响。所以我们应遵循"古为今用"和"取其精华，弃其糟粕"的原则，把中国传统元素与书籍装帧设计结合起来，设计出既能继承传统元素的神韵，又能表达其所蕴含的理念与个性的作品。

（一）传统汉字在书籍包装设计中的应用

提到中国的传统文化，我们一定会不可避免地想到文字，因为文字是文化的载体之一，我们可以通过文字去了解文化，可以通过中国的文字演变去了解中国的传统文化。

在我国，文字经历了五千年的演变。汉字起源于表形表意的象形文字，是人们长期生活体验与感悟的结晶。后来，人类生产力不断地发展，人类文明不断地向前进步，经过岩石陶器刻绘符号、甲骨文，以及金、篆、隶、楷、印刷字体等一系列演变，汉字的形式越来越多。不同的汉字字体体现出不同的风格韵味，利用字体的变换将其组合成相间的空间，是一种杰出的设计。同时，这样的演变也使得原本传递文化的汉字，具有了审美的意识形态。在书籍包装设计中，我们可以对此进行参考，将文字运用其中，使传统文化焕发出新的活力。

汉字是中国艺术的灵魂，是中华民族智慧的结晶。汉字的骨骼形态生动，独具气韵，这也决定了汉字独特的空间美，使其具有优美的动感。因此，近年来，汉字的影响也是越来越大，在西方设计作品中就有很多以汉字为元素的设计。汉字所具有的空间美，以及其在结构、寓意、色彩上的特质，是很多书籍设计者将其运用于设计中的原因。

例如，《赤彤朱丹》的书籍封面设计，其没有运用很具体的图像，而是运用了略带拙味的老宋字体，将其很巧妙地排布成窗形，字间的空档采用银灰色，衬出一轮红日，再加上满腹的朱红色，有很强烈视觉效果，洋溢着深厚的文化内涵和意蕴之美。

（二）传统图案在书装设计中的应用

中国传统图案艺术种类繁多，内容丰富。其经历过时间的沉淀，一步步向前发展。从最早的彩陶艺术到汉字，无论是造型简约的秦汉瓦当还是明清的"如意"，抑或是战国时期灵巧多变的器皿，以及造型夸张的民间剪纸、陶瓷、脸谱、纹样等，都充分反映出不同时期的生活形象。传统的图案到明、清的时候，更为注重"画的意图"，即"吉祥"的状态，几乎达到了"画意"的境界。这些中国的传统艺术图形在随时代更易的过程中不断更新与演化，并受科技和工艺不断演进的影响越发经久不衰，从而形成了各种具有鲜明时代特征的图案和纹饰，呈现出多样而统一的格调。这些传统元素凝聚了中华民族几千年的智慧精华。

通过设计者对中国传统图案的实际应用，华夏古老元素的象征更深刻，表现出传统古老图形的人文价值，因此，也成为今日的图书设计者取之不竭的资源。在书籍的装帧设计当中，我们不可避免地会运用到一些图案，使得画面更加协调，富有美感。同样，图案的运用也使得原本固化的书籍装帧设计，更加地具有美感与灵动性，带给人们耳目一新之感，使得人们在阅读当中有更加完美的体验。而具体需要选择什么样的图案，是需要设计者根据书籍的不同内容以及它所面向的用户不同而决定的，在这个过程当中，设计者也要考虑图形整体是否和谐。在中国的一些书籍设计当中，运用一些传统的图案进行装帧设计，可以使得书籍更加具有韵味，在这些图形的运用的背后，实际上是一种心灵上的共鸣。人们在接受西方装帧设计冲击的过程中，渐渐审美疲劳，心灵变得没有归属感，而中国传统元素图案的运用却带给人们心灵的归宿，带给人们共鸣，并且这不是简单意义上的共鸣，是中国传统文化几千年来历史的沉淀。

对于中国传统图案元素在书籍设计中的运用，书籍设计界的前辈们早已做出了有益的尝试。早在1926年，鲁迅先生为《心的探险》进行设计时，就把秦汉的画像石图案运用其中,为书籍增添了不少的艺术性和装饰性,使书籍的整体品质得到了升华。其实,在此之前,书籍封面基本是没有图案的。除了鲁迅先生设计的书籍外,还有著名的装帧设计家曹辛之利用中国传统纹样图形设计出的《郭沫若全集》,从书籍的封面设计到文字的内容,设计者都采用了各种传统纹样来进行配置。这样设计出的封面既贴近图书中的内容,又使读者感受到意境与心境合二为一的审美情趣,更在民族风格的彰显上起着潜移默化的艺术效果。

《吴冠中自传》的书籍封面设计就是借用传统剪纸的造型方式和江南水乡楼阁的剪影相结合,呈现出水天一色的空白背景,天水互相融合,形成一种整体的意境美感,给读者留下广阔的想象空间,显示出艺术化的魅力。这种书籍装帧设计形式较好地运用了中国传统元素剪纸造型独特的视觉形象,同时也丰富了现代书籍装帧设计的表现手法,升华了书籍设计的内涵和底蕴。

(三) 传统色彩与书装设计的关联应用

色彩是一种有效的设计元素。颜色就像一个人的性格,不同的色彩有不同的情感倾向,反映了不同的内容。我们的祖先很久以前就对中国的"五色"进行阐述,即黑色,白色,黄色,红色和绿色。

中国传统色彩是中华民族文化艺术中最有生命力的一部分,如果我们能巧妙地借鉴传统色彩并赋之于新意,就会形成高层次的效果。这也是现代书籍装帧设计不断借鉴、继承和创新的重要元素。中国传统的色彩观受阴阳五行学说的影响,称为"五行色"——青、红、黑、白、黄。"中国红"和"中国黄"都是极具中国传统的色彩。在全球化语境下,传统色彩作为民族共同心理认同和情感表达的语言,在现代书籍装帧设计中发挥着重要的作用。学习和研究传统色彩并将其用于现代书籍装帧设计中,是我们创作优秀的设计作品的关键。

在整个书籍装帧设计中,对设计师所运用的色彩也有极强的要求。在设计一本书所使用的色彩时,设计师必须要对书本身所面对的对象、书本身的内容、它所要传递的精神等多方面进行综合考量,进一步确定所运用的颜色。但是,由于电脑工具的普及以及人们创意的缺乏,由各类软件所制作产生的书籍装帧设计的色彩近乎千篇一律,忽略了书籍本身的所要传递给人们的感受,因此某种意义上讲正是失去了本身的"色彩"。在书籍装帧设计的过程中运用传统的色彩,要考虑书籍当中所要传递出的内容和所要传递的感情,使书籍装帧色彩与书本身相结合,给人们更加深刻的感受,从而从心灵上与读者共鸣,带给人们一种心灵的体验。

很多中国书籍装帧设计的作品就是采用中国传统色彩元素、民间泥塑、古代服饰和京剧脸谱等进行再创造。像"中国红"就已成为中国文化的一个象征，在书籍装帧设计当中被广泛利用。

例如，获得第六届全国书籍设计艺术展得金奖的《小红人的故事》，吕胜中在书籍设计中，运用了"中国红"的中国色彩元素为主色调，与书中展现的神秘的乡土文化结为一体，效果非常夺目。其色彩浓郁、纯朴，浸染了传统民间文化。色彩被艺术家喻为绘画中的第一个视觉语言，图形、字体、纸张、墨水等在书中不能缺失色彩的表达，比如红色给人以温暖，黄色给人以安静和平，绿色传递稳定，蓝色蕴含忧郁等。在书籍装帧设计中，色彩是视觉传达的一个重要元素。

再如，在《绘图金莲传》中，其封面设计以大面积的红为底色，又用小面积的蓝色来衬托书名，通过运用对比色红蓝，很好地突出了文化有特色，效果十分强烈。既扩展了书的视觉内涵，又丰富了美的感受。

（四）传统书籍装订形式在书装设计中的应用

我国的传统书籍质朴、简单、优雅、美丽。例如，《周作人俞平伯往来书札影真》，这本书的设计采用中国传统书籍的形式，而不是简单地以旧的形式进行复制。作者选择了毛边、重叠层纸边、没有任何人工修改的原纸，给人感觉十分真实。我们传统的装帧形式是富有生命感的，设计师们应合理地对其加以利用，不断进行发展和传承。

在整体的书籍装帧设计中设计师一定要坚持对中国传统文化元素的使用，因为书籍是人们的精神食粮，记录人们的发展历史。伴随着世界交融的加深，西方文化开始进入人们的视野，在这个过程当中，越来越多的人受到西方精美装帧的吸引，忘记了本民族的文化，使得民族文化渐渐消逝，因此，设计师必须不断地运用中国传统元素，使得文字、图形、色彩更好地融合，从而坚持中国传统文化的地位，在书籍装帧设计过程中书籍更好地做到文化传承。

五、中国元素在书籍装帧中的探索

（一）《朱熹千字文》的装帧设计

朱熹是中国著名的思想家，《朱熹千字文》就是以活字印版上密布的汉字为背景，在获得良好的封面肌理效果的同时，表达出深厚的文化内涵。其封面设计采用汉字的基本特征，统一格式，木刻一千个字，借鉴的是宋代的木版本。

它给人的印象不仅是一部书籍，更像是一个有价值的古代艺术品。

（二）《茶经》《酒经》的装帧设计

在传统图书形式的基础上，设计师通过使用木材、陶瓷等材料，准确地表达了《茶经》《酒经》的主题。

第四节　时代的发展对书籍装帧设计的影响

一、信息时代对书籍装帧设计的影响

出版咨询专家迈克·沙兹金预言，到 2020 年，印刷纸质图书将基本消失，只留有少数作为富人手中的收藏品和玩具。电子书的迅猛发展无疑对传统书籍的生存造成了猛烈的冲击。而书籍装帧设计必须建立在"书籍"之上，面对数字技术飞快发展的今天，信息时代的书籍装帧艺术面临着无"书"可设计的问题。有人猜想纸质书会被电子书给取代，未来电子书会独霸天下。但如果真如所预言发展，纸质书在当代存在价值是什么？书籍装帧艺术未来又会去向何处？它又该以何种姿态留下来而不被遗忘在历史的长河？

（一）当今书籍装帧艺术发展

在电子科技飞速发展的当代社会，纸质出版商已经受到了科技浪潮的严重冲击，尤其电子书籍数字化的普及，使得网络化的阅读模式已经占据主流，而这种变化不只发生于一个区域一个城市，而已然成为一种传播式的、扩散到全球的变化。对于书籍装帧艺术而言，也必然受到了相应的影响。

书籍的装帧设计是一种表现内在的艺术，印刷技术是一种修饰外在的技术，二者一静一动，一内一外，又相辅相成。装帧设计的完美体现来源于印刷，印刷工艺是实现书籍装帧设计的第一步，而书籍装帧设计发展又助推印刷工艺进步，二者密不可分。而现代科技浪潮对传统印刷的冲击过于强烈，使得其不得不降低实用成本、缩短本来的使用周期，按实际需求量生产印刷，走适应数据方向发展的可变路线。如前所述，装帧设计影响着传统印刷，而传统印刷也同样影响着装帧设计的发展。二者在这行业发展的迅速转变过程中应如何相互结合？面对着现代科技数码印刷技术与传统的扫描印刷技术之间的巨大差异，二者在未来的发展又该如何结合？

（二）纸质书籍的当代价值取向

信息时代的降临，科技的迅猛发展，对于有着悠久历史的书籍装帧艺术来说，是机遇与挑战并存的。如果说未来纸质书籍会被电子书所取代，书籍装帧艺术将会消亡，那么也可以说纸质书籍的存在决定着书籍装帧艺术是否存在。

1. 纸质书籍的情感价值

书是文化、知识传播的载体，纸质书籍采用传统的静态成像的方式，通过印刷工艺让知识能够以三维物体形式真实并可触摸地存在人们的身边，读者可以用身体各个器官感受它的存在。伴随着阅读的进行，读者将情感注入每一页纸张、每一行文字内，精彩的书籍内容会吸引读者，可以产生一定的"拉力"将读者带入书籍的内容当中，使读者在阅读书籍的过程中可以得到一定的知识，而其身心也可以得到属于文字的无声安慰，拥有真实而不空虚的阅读体验。书籍与人类相互陪伴，相互慰藉。感官决定了我们能够拥有的世界。感官走多远，世界就有多远。感官有多丰富，世界就有多丰富。书籍装帧透过纸质书籍给阅读的人传递出真实存在感，也就是"五感"，这是读屏时代里冰冷的屏幕无法比拟的。

在《梅兰芳全传》中，我们能轻而易举地发现设计师想表达出作品那朴实淡然、典雅平静的特点，与作者笔下的内容遥相呼应。当观察该书外观时，我们往往会被书口的"阴影"所吸引，而当我们慢慢将其展开伸平，才会看见那是一幅先生的画像。我们既感慨于梅兰芳先生生活与戏剧的两面人生，同时也惊叹于此书精良的制作工艺。这样别致的设计可以让读者在阅读时满怀好奇与向往。从读书的"入口"处阐述了本书想要深入说明的内容，起到了未读其书，先闻其理的作用。

另外，纸质书籍的阅读代表着一种传统和信念，它像宗教般存在着。这是人类长久以来的一种习惯，注重阅读细节和阅读的完整性，用心感受翰墨书香。因此纸质书有着数字阅读难以比拟的熏陶教化作用。

2. 纸质书籍的文化价值

书籍是传承文化的重要形式，更是历史的重要记录者，书籍装帧是文化积累的重要手段，而纸质书籍则是将文化、文明传承下去重要实物体现。自东汉造纸术发明以来，"纸文化"凭借自身特质在世界文明中占据重要位置，而纸质书赋予纸张更强大的魅力，也为世界文明的传承和发扬做出重大贡献。所以，作为世界文化的一分子，纸质书在书籍装帧史中占据重要地位。虽然印刷的纸质书可能会绝版，但文化不会绝版。书籍装帧会赋予书籍更深层次的文化价值，将书籍转变为世界文化的表达者。

例如，日本设计师杉浦康平的设计作品《传真言院两界曼荼罗：京都教王护国寺中两个世界的曼荼罗》，整套书一共分为六册，分别两两装在一起，有三种装订方式，包括西式装订、经折装和卷轴装。其运用了两种文化的装帧方式，不但体现出书籍装帧形式的延续，更是世界文化的传承与融合。

除了杉浦康平的设计作品以外，近年来获得"世界最美书籍"的中国设计作品，大部分都在挖掘并继承传统文化的基础上，运用当代的设计观念和变现手法大胆创新，创造出既有东方美学又有现代设计的综合体，如《十竹斋书画谱》《梅兰芳藏戏曲史料图画集》《曹雪芹风筝艺术》等。

另外，设计师通过对书籍装帧艺术领域的不断探索，对使用工艺的不断尝试，对品质的不断求精，向世人传达了工匠精神。设计师通过对纸质书籍设计的深入和宣传，让越来越多的读者可以通过阅读继续传播其优秀的品质与探索的精神，这无疑是纸质书籍文化价值体现的最高境界。

3. 纸质书籍的市场价值

面对电子书的冲击，纸质书籍的市场看似会缩小，但是当代纸质书的发展已不再局限于出版、印刷，书籍的出版已成为一条重要的产业链，出版商对书籍进行装帧设计、出版、印刷、包装、宣传，并与电子商建立合作，由此产生巨大的经济链条效应，促进了世界经济的发展，从这一点来讲，纸质书籍的市场价值是无可替代的。

相对于新兴的电子产品来说，纸质书籍采用传统的印刷方式，成像质量稳定，在阅读时还会给人亲切、柔和的视觉感，不会像屏幕那样带来电子光芒辐射，造成视力损伤。因此，纸质书籍始终有稳定的读者群体，其可以应用在教材、儿童读物、需要高品质成像的画册上等，具有不可代替的价值。

另外，读者买的是承载书籍内容的物化形态的书籍，可以说书籍的价值在其内容上，装帧则是附加在书籍原有价值上之上的新价值，如今书籍装帧设计不仅是书籍之外的装潢包装，它也是书籍产品本身。

例如，2008 年"世界最美书籍"《Geohistoria de la Sensibilidad en Venezuela》的书籍设计，设计师巧妙地运用了"日本式"装订的页面褶页部的特征，不但使得读者查找信息更加方便，更使原本枯燥无味的知识性图书通过精妙而又精彩的文字排版变得生动。当下，书籍的艺术性、收藏性正大幅度提高，书籍不再只是单纯的知识获取渠道。读者可以独享书籍的魅力，也可以将其馈赠友人，表达内心的情感，体现自身的修养，实现彼此间精神层面的品位对话。由此可见，纸质书籍的市场价值因装帧而得以提高。

（三）电子书籍的未来价值取向

自 1990 年以来，电子书籍从诞生到普及，其发展不过 20 多年。在这段不长不短的历史中，互联网带动了电子书籍的发展进步，使得越来越多的读者通过网络获取信息，而电子书籍也不再是原始单纯的文字，渐渐演变成全方位的多媒体形式，也强有力地带动着读者为适应新事物而不断改变阅读方式。即使此时仍然充斥着传统设计者对现代电子科技因素设计的批判声音和反对态度，但其实电子书籍仍然不违背它们的共同特点，就是书籍的存在以能被读者理解与阅读为目的，无论是传统的油墨书香还是现代的绚丽电子画面都是以其为制作核心。因此，二者之间必然存在可以相互借鉴相互参考的因素。那么，将传统书籍装帧设计和数字化的新型电子书籍相结合，探索最恰当的阅读模式，不可避免地将成为书籍装帧艺术重要课题之一。

数字信息时代的到来引发了出版界的产业革命，从而导致服务于传统纸媒书籍图文信息传播的设计艺术自然分化成两大设计体系，即数字出版设计和传统书籍设计。当代书籍不只是"纸质读物"，还包括新兴的一种"无纸读物"，即"电子读物"。电子读物就是用数字阅读设备查看的书籍，它的阅读媒介包括电脑、手机、电子书等，便于携带，只需充电就可以时刻进行阅读，还可以随时更新存储内容，更为耐用。电子书籍便于信息传播，能够及时有效传递最新内容，满足市场需求。同时，电子读物具有一定的环保性，因为它不需要用纸，可以无限循环使用。

现在很多设计师已经着手于电子书籍的设计，即数字出版设计，它对色彩、图像质量、文字排版的要求更高。由于电子书具有拖拽及放大缩小功能，因而小小屏幕上一点点瑕疵都会被放大。电子书的兴起推动了阅读APP的发展，Flip board 是其中的一款，并且是行业中的佼佼者。Flip board 的设计精美如杂志，它的翻页效果非常逼真，能够促进读者的休闲化阅读。

虽然电子书籍的优点很多，但是人们还是没有放弃对传统书籍的喜爱。传统书籍有很多电子书籍达不到的感官体验，譬如对纸张触摸的真切感能带给读者宁静、安定的心理体验，书籍淡淡的油墨香能唤起人们对传统文化的联想。一些传统书籍的装帧设计使用稀有高端材料进行装饰，运用先进工艺排版印刷，以其独有的风格和经典的设计，使得普通的图书变得更具收藏价值。当代设计师在探索新科技装帧手法的同时也要紧紧抓住传统书籍装帧独一无二的优势特点。

1. 电子书籍的经济价值

现如今，电子图书的使用数量呈稳固上升趋势，同时推动着整个电子图书的商务产业不断发展，其带来的利益也积少成多。从最初电子书给人们展示的初级页面来看，此前大部分的应用阅读 App 都是引入原始的纸质封面作为电子书的进入封皮，而正式阅读中也只是单纯地展示了普通的语言文字而已，其中并没有包括适合读者的视觉色调、文字表达形式，也没有衬托书籍主旨的页面设计，这种单调的阅读仅仅是传达了书中的文字，而匮乏一种体会内容的情怀。读者看着密密麻麻的文字，以及一成不变的简单排列，就像快速地吃了一顿快餐一般食之无味。随着电子阅读器使用者对其要求越来越精细，这种简陋的阅读器无疑将被淘汰。

相比之下，经营多年的纸质图书越来越多地采用精美的封装，有着丰富的显示形式、更多的文字美观效果，使得读者很容易被其吸引。因此提升版面美观、促进刊物可读性成了电子书新的设计因素，要求设计者必须综合读者阅读习惯以及接收形式，并结合电子设备的视觉盛宴，设计最适用的方案。

数字化的电子设备是多方向的结合体，并不能完美地引进平面的设计方案，比如看一篇全部由宋体组成的电子刊物多少有点让人不适应，这也是一般常见的阅读器采用花样字体的原因。不管什么字体，读者阅读时间一长，它带给人眼的疲劳感是一定存在的。同时大量相关信息显示，采用电子阅读方式获取信息，人眼的眨动次数会明显下降至三分之一左右，这表明长时间进行电子阅读会使得眼睛处于一种高度集中的紧张状态，而这种疲劳程度不亚于一个人进行连续 9 个小时的仰卧运动。

这样看来，电子阅读并不是一味地给人们带来便捷，还有一定的伤害。这就为电子图书行业带来了一个新的研究方向，即如何设计才能使人健康地阅读，是更换色彩的搭配还是改变字体的选取，或者是采用间歇式的阅读方式等，这些都值得开发设计人员进一步探索。在这个经济快速发展的时代，效益将是事物发展的主要推力，把纸质书籍装帧设计理念带入电子书籍装帧设计，经济效益将进一步扩大，同时，也将给书籍装帧艺术带来新的发展前景。

2. 电子书籍的创新价值

传统书籍无非就是我们常见那几种形式，即简单的文字搭配及常见的表达版式。在传统书籍中，每一条想要传播的图文大部分都是以二维平面形式展现的。而电子图书在此基础上进一步形成了三维效果，这既是设计师们的发散设计，也是设计师们借助科技的力量创造的价值。设计者通过三维的立体设计，采用虚拟现实技术，为读者创建三维空间，将书中的内容通过技术的辅助活灵活现地展现给读者。这种技术特别适用于地图、地理、旅游等方面的书籍，读者可以通过设计师们创作的三维空间感受所要了解的城市、地貌、地理位置等。它突破了传统思维方式和现实的制约，无限制地扩大了人们的视觉空间。另外，电子书可以赋予内容动态视觉感，如将书内插图以动画的形式呈现，增加趣味性。这是纸质书籍所不能实现的。

但任何事物都需要不断进步才能不断发展。电子书不是在经过探索期、初始期、成长期、成熟期、稳定期后就可以不用发展了，其还需要不断弥补自身不足，借鉴纸质书所具备的优点，最大程度地自我改进。改进的方向归根究底是从用户体验的角度出发，每一次改变便是一次创新。例如，亚马逊的理念就是"读者永远是对的"。亚马逊是电子阅读平台发展中一个较为成功且值得借鉴的对象，亚马逊电子阅读平台在发展较为成熟后，借助现今的网络技术——云存储技术，为用户提供了可靠的存储模式，保证了数据的安全不丢失，如果用户在 kindle 电子阅读器中不小心将所浏览的电子书籍数据破坏或丢失，在云存储硬盘里依然能找到丢失的文件，重新下载即可继续阅读。其次，kindle电子阅读器使用了一种革新信息技术——"电子墨水"，通过这一技术已基本解决电子屏幕对眼睛的刺激感，使阅读更加舒适。

2016 年 5 月，掌阅推出其改良的第二代电子阅读器 I Reader Plus；电商京东同样发布其独有的 JD Read 电子阅读器。与此同时，腾讯阅文集团也大力开发电子图书生产链，正式进军互联网阅读领域。从设备开发到内容调整的发展核心转移，使得电子阅读相应的发展理念也做出了相应的调整，良性的电子市场正在稳步形成。相信在未来，伴随着科技的不断进步，电子书必然在创新的道路上给人类最大的满足，电子书的设计也将在创新的路上寻求到能更好与传统书籍装帧艺术相契合的方式。

3. 电子书籍的互动价值

受以人为本的文化价值观所影响，情感交互设计逐渐引起人们的重视。电子书的交互设计是指逻辑上的交互设计，纸质书籍的阅读方式会对读者有一定的限制，而电子图书可以给予用户更为灵活的阅读方式，具有多变性，这就要求考验设计师的能力，看其是否能完美地结合包罗万象的元素，包括文字、图片、音频、色彩及版式，或在工学、美学的基础上进行电子书籍的设计。

电子书的交互式阅读不受传统印刷、出版、技术等的限制，为了能够使读者更好地体会到信息内容呈现出的感觉，如带有视觉形式的文字图形多样化，操作触动时伴随着状态变换，逼真视听糅合在声音环绕中产生更加多元的效果。例如，当人们阅读惊悚书籍的时候，可以增加音频阅读方式，让读者通过听觉进一步感受书籍内容，使读者有身临其境的感觉。不过，人们无法既体验电子书带来的轻便，又想要透彻了解信息深度，在充斥着海量数据的社会中，一目十行的粗略观看、时断时续的简单理解，又怎么能深刻体会作者的用意。

此外，不是所有的多媒体形式都能提高和丰富读者对刊物的理解，特别是那些色彩鲜艳、图像丰富的幼儿刊物，固定化的情节图片会限制孩子们的思维。因此，应该采用怎样的设计，结合怎样的表达形式，能使广大读者，尤其是儿童读者深入感受刊物所表达的信息，是所有书籍装帧设计师们需要不断补充自身高度以及合理结合新兴技术来解决的问题。

（四）信息时代装帧艺术的存在价值

书籍的表现形式显然与人类对自己生活的记录相伴而生，随着人类生活环境的变化，书籍的展现形式也相应地更替着，无论是使用的材质还是整体外形的变化都逐渐更迭，演变成以纸张为记录主体的主要形态，即使其显示形式包含从卷册更替、左右开变换、横竖排显示变化的过程，都不会影响人们记录生活。伟大的书籍艺术家格特·冯德利希曾说过，书籍重要的是按照不同的书籍内容赋予合适的外观，外观形象本身不是标准，内容精神的理解才是根本的标志，形式为内容服务的功能是没有争议的，但应进一步理解为积极地创造性地表现内容。

在互联网时代，传播功能被无限扩大，每个人都可以主导传播内容及方向，人人都可以是设计师，人们的传统观念正在被改变，而书籍装帧设计必须重新审视自身存在价值。未来书籍装帧艺术以何种方式存在尚不可预知，然而传播媒介的改变、承载物的改变，无疑对书籍装帧艺术产生了巨大的冲击。未来设计是对版式的设计、界面的设计、交互的设计，大数据时代的特点使人们充分地拥有选择权，大众成为网络生活的主宰，他们可以以任何意义上的艺术形式及手段自由参与，评判标准已被点击率所替代：在这样的背景中，传统书籍装帧的形式和标准正在与我们渐行渐远。

信息化技术的进步、互联网的繁荣，进一步促进光电出版物的产生，人们的阅读方式发生了巨大改变，以新媒体为媒介的电子承载物兴起，电子书以图文并存、形式多样、娱乐性强等特点逐渐渗入人们的生活之中。数字化科技发展以及电子科技带来的创新浪潮带动的数字化阅读发展形势为更多的顶级设计师开发出更多的资源和素材。设计师以更先进的技术支撑更好的设计，慢慢地推动未来书籍设计发展趋势向好。正如著名传播学者麦克卢汉所说每一种技术形式都是我们最深层的心理经验的反射。已成形的开发技术都是我们经过深思熟虑表达出的最具有深意和思想意义的心理反射。面对普遍出现的新型方式，下意识地理解和扩散是人们不断变化的思维与生活的另一种表象。这种不经意的变化如果能有效地被设计师们捕捉，往往能推出更引人入胜的书籍形式。未来电子书的设计虽不会主导书籍装帧艺术，但却占据着举足轻重的地位，它的未来价值不容忽视。

二、新媒体艺术对书籍装帧设计的影响

新媒体艺术的发展为书籍装帧设计带来了机遇与挑战，但二者又存在着相辅相成、密不可分的联系。书籍装帧设计为新媒体艺术提供了信息传递的雏形，新媒体艺术为书籍装帧设计提供了新的设计元素，新媒体艺术对书籍装帧设计起到了共性作用与差异性作用，同时影响了书籍装帧设计的思路、工艺、效果等。

（一）新媒体艺术与书籍装帧的关系

新媒体是数字的，书籍装帧是线性的，新媒体是动态的，书籍装帧是静态的。二者相互作用、相互影响，二者的结合使得当代信息传递的方式更加丰富多变，这为读者带了交互式的阅读体验。

1.信息可视化

书籍装帧对知识的存储与传递起到了重要的作用，人们通过学习知识为科学提供理论依据，由此科技得以发展、新媒体随之诞生，新媒体艺术将书籍装帧搬向屏幕，技术和网络发展为屏幕阅读创造了平台，由此可以被下载的电子书及各种格式的文件相继出现。

如"豆瓣阅读"是国内颇受欢迎的网上阅读平台，有着成熟的网版页面设计和手机 App 应用软件版的界面设计，它支持在线购买、在线阅读、离线下载等功能，读者可以在线阅读经过精细排版的正版授权中英文图书，并可在电子书上进行批注、划线、添加书签等。此外，任何作者都可以在"豆瓣阅读"上发表原创文章，任何读者都可以对其进行共享及评价。因此，新媒体艺术实现了书籍装帧的信息可视化设计。

2.设计多元化

虽然新媒体艺术的前身是传统艺术，但在科技迅速发展和新媒体不断更新的竞争态势下，传统媒体面临巨大挑战。可喜的是，新媒体艺术的发展为书籍

装帧设计拓展了强大的设计力量，书籍装帧的封面更加精美直观、内容更加多维立体、工艺更加成熟多样。如中国台湾歌手魏如萱邀请设计师杨维纶为其在2014年发表的唱片专辑《还是要相信爱情啊混蛋们》做包装设计。杨维纶用书籍装帧的形式把专辑的歌词与图像分成两部分进行设计，每一部分用不同尺寸的书册形式呈现给读者，两本书册又相当于一个书芯，且共用一个封面，封面不仅可以放置影音光盘还可以起到包装作用。由此可见，新媒体艺术的发展促进了书籍装帧设计的多元化。

3. 受众个性化

新媒体艺术的发展不但不会让书籍消亡，而且还会让书籍装帧从其中汲取营养。它让人们体验到了个性化所带来的趣味，同时刺激了书籍装帧的个性化设计。如2012年Viction出版社全彩印刷出版的《Eat me：Appetite for design》，书籍内容是美食和受食物启发的创意设计案例，书籍的设计灵感来自食物，其造型如同被吃了一口的巧克力奶油味的夹心威化饼，切合了主题"设计的欲望"。

（二）新媒体艺术对书籍装帧设计的作用

新媒体艺术对书籍装设计不仅起到了尺寸规范、元素应用、信息传递、二维空间向多维空间转化、调动感官的趣味性、调动阅读的互动性等共性作用，同时对书籍装帧设计起到了媒介、显像、空间、动态与静态、阅读习惯等差异性作用。

1. 共性作用

新媒体艺术与书籍装帧在信息传递上有着密切的联系，由于人们的视线范围有限，因此二者在人们日常使用的电子设备屏幕与书籍中都会受一定的尺寸约束，以便人们可快速地获取信息。信息大体由文字、图像所构成，新媒体艺术不仅可将书籍的内容进行可视化以辅助阅读，还可将书籍所要表达的故事情节加以立体化以增强人们感官的趣味性。而当人们对某些新媒体艺术不易产生共鸣时，书籍可以对新媒体艺术进行清晰明确的阐述。因此新媒体艺术与书籍装帧在二者的共性作用下互通有无、取长补短，为人们的生活提供更多的阅读体验。

（1）尺寸规范

新媒体艺术设计作品的输出，受电子设备屏幕尺寸比例的约束。人们常规使用的屏幕大多以影视墙、黑板、电视、电脑、平板电脑、手机等为主，其尺寸大小符合人机工程学的设计原理。

而书籍装帧的尺寸早在羊皮卷出现时就已初步形成尺寸规范，即开本尺寸。一般的书籍在设计尺寸比例时，是和一大张纸的尺寸相关联的，人们常规使用的书籍尺寸为 16 开、32 开、大 32 开、64 开等。

（2）元素应用

新媒体艺术和书籍装帧的主要设计元素大体相同，如文字、图像等元素的排版与应用。新媒体艺术是将文体与图像等信息以连续动态的方式呈现，书籍装帧则是将文字与图像等信息以线性静态的方式展现。

新媒体艺术将信息视觉化，但其沿用的仍是传统书籍装帧的设计语言：图标、象征、隐喻、标签、版式、信息层次、顺序、色彩数值及网格等。例如，以印刷业为主的书籍装帧注重封面与内容相结合的细节，而新媒体艺术也需关注屏幕与版式的细节，从而使文字、图像等元素相平衡以便人们阅览。

（3）信息传递

新媒体艺术和书籍装帧的设计目的都是将储存的信息传递给人们，新媒体艺术是将精简扼要的信息以快节奏的方式呈现，使人们短时间内在视觉上形成对关键信息的检索与搜集；书籍装帧是将信息加以详述并按照书籍内容的逻辑实现引人入胜，如人文社科类书籍大多以文字为主、图片为辅，艺术类书籍则以图片为主、文字为辅。

（4）二维空间向多维空间转化

这里所指的二维空间就是和书籍装帧密不可分的纸张，二维结构是三维结构的基础单元，纸张的堆叠可以制作出三维的书籍。例如，《书妆·书籍装帧设计》一书的整体造型和封面中两个镂空圆圈所构成的书籍装帧，酷似新媒体艺术中所创作的英文"Book"中三维特效版的字母 B、O、O、K 的组合，纸张的厚度恰巧充当三维效果的侧立面，书籍装帧在新媒体艺术的作用下已不再拘泥于材料和包装上的变化，而更注重书籍装帧的造型设计。

（5）调动感官的趣味性

书籍装帧处于新媒体艺术的信息可视化的作用下。一方面，它在建筑设计、时尚设计、家具设计及艺术等相关书籍的设计方面增强了视觉的冲击力，使这类书籍的市场强劲增长。另一方面，书籍装帧在新媒体艺术的动画制作的影响下，在儿童书籍中引用了大量插图和引导儿童参与手绘的内容，增加了儿童读物的童趣和想象空间，这有助于培养儿童独立阅读的好习惯。

（6）调动阅读的互动性

书籍装帧在新媒体艺术的互动性作用下，兴起了对立体书的创造，即纸工程的创造，这不仅使设计师参与到对纸工程反复试验的过程中，又使人们在阅读时扮演了纸工程师和设计师的角色从而完成立体书的手工制作环节。例如，由设计师凯丽安德森（Kelli Anderson）设计的《This Book Is a Planetarium》是一本科普性质的立体书，每一页都是一个有趣的工具：可投影的天文馆、带拨动琴弦的乐器、几何图形生成器，甚至是放大声音的扬声器。其不仅具有科学性质，还适合不同年龄段的阅读者，这使书籍装帧更具互动性。

2. 差异性作用

（1）媒介

当代新媒体艺术的媒介定位是相对于传统艺术媒介而言的，按照美国新媒体艺术理论家马诺维奇在《新媒体语言》一书中的定义，所有现存媒体通过电脑转换成数字化的数据、照片、动态形象、声音、形状空间和文本，且都可以计算，构成一套电脑数据的，这就是新媒体。简而言之，新媒体的媒介是电脑。而书籍装帧本身就可以作为人们获取信息的媒介。另外从承印物的角度来讲，当代书籍装帧的媒介以纸质媒介为主。

（2）显像

显像是指图像呈现给人们的方式。书籍装帧通过纸张将图片呈现给人们，同一幅图像在同一版书籍装帧的印刷中，图片的分辨率和尺寸大小相同。而新媒体艺术则通过显示器、投影仪、液晶屏等通电发光的输出终端为人们呈现图像，该方式会涉及像素大小的问题。显示在视频监视器上的图像通常以像素为单位，由于显示器的分辨率不同，因此同一幅图像在不同显示器上的尺寸大小也不同。另外，新媒体艺术的图像制作还涉及不同软件所生成图像的方法不同，即到光栅和矢量图不同。

（3）空间

传统书籍装帧营造出二维，甚至是立体的空间，新媒体艺术更擅长营造版式空间与虚拟空间。新媒体艺术的版式空间中最突出的是对空间的利用。在传统书籍装帧的版式设计中，往往采用扉页或留白的形式为读者创造记录与想象的空间，而新媒体艺术除了要注重对积极空间的主体设计外，更要注重在空间中填充辅助元素，从而增强图片的趣味性和信息量。视觉设计中另一重要空间为虚拟空间，即在二维的平面上制造三维的效果。新媒体艺术运用成熟的电子技术可以制作三维图景并使图像连续起来营造虚拟空间。

（4）动态与静态

时间是当代设计要素之一，时间包含了变化，这种变化可以是动画或影像的形式，也可以是一个动作的发生。这种变化在一瞬间可以是一个形态，而在下一瞬间则变成另一种形态。新媒体艺术较好地利用了时间要素，它以动态或互动的方式让人们在不同瞬间做出不同的反应。而书籍装帧是静态的，人们在阅读或欣赏设计作品时，往往需要时间思考，再做出反馈。

（5）阅读习惯

在网络时代的环境下，人们的阅读习惯发生了潜移默化的改变。新媒体艺术通过影音、互动、体验等要素来传达信息，尤其是对导航的应用（导航的结构即从一个内容链接到另一个内容），使人们可以主动控制看到的内容和顺序，这类设计要素将人们的感知和设计目的不相符的概率降到了最低。新媒体的千变万化与网络时代的快节奏相适应，这促使人们对书籍装帧的细节设计有了更高的要求，如推促设计师应用不同颜色或不同材质的纸张对书籍内容中的部分章节做出划分。

（三）新媒体艺术对书籍装帧设计的影响

新媒体艺术改变了书籍装帧设计的思路，改变了书籍装帧设计的工艺，改变了书籍装帧设计的效果，这为书籍装帧设计的发展拓展了市场，带来了更多的消费群体以及经济效益，同时丰富了书籍装帧的艺术效果。

1. 改变了书籍装帧设计的思路

近年来，设计师提倡把书籍装帧改为书籍设计，这是观念上的一种进步。新媒体艺术看似正在取代传统艺术，但正是在技术革新的潮流中，新媒体艺术的发展为设计师提供了孜孜不倦的设计动力。思想交流加速碰撞、信息技术加速拓展，促使书籍设计在传统装帧概念中有了新的突破，即新的设计思路让书籍装帧同时具备静态之美与活性之美。

2. 改变了书籍装帧设计的工艺

如前所述，古代最早的文字记载体可追溯到公元前 4000 年，古埃及用纸草记录信息；到公元前 2300 年，巴比伦使用石刻印章是印刷术发展的象征；中国的最早印刷术为 1300 前的雕版印刷；至宋代，毕昇发明的活字印刷推动了世界印刷术的新发明；公元 14 世纪，朝鲜将我国的木活字印刷术升级成铜活字印刷术；20 世纪 80 年代，我国引进国外先进机器印刷技术；进入 21 世纪，新媒体技术的发展促进了书籍装帧在印刷工艺上的革新，从承印物到印艺，书籍装帧的印刷工艺都得到了升华。与传统图书的印刷工艺相比，当代印刷工艺最显著的特点是"看得见，摸得着"。由中国的设计师刘积英主编的《印谱：

中国印刷工艺样本专业版》一书中就几近全面地用实例诠释了当代书籍装帧工艺的千变万化，如激光雕刻、特殊工艺效果、覆膜、上光、模切与压痕、烫印金箔、凹凸压纹、专色和金银墨、UV 油墨印刷、胶版印刷、凹版印刷、凸版印刷、柔性版印刷、丝网印刷等印刷工艺。

3. 改变了书籍装帧设计的效果

（1）社会效果

新媒体艺术深入人们的生产、消费娱乐、政治、教育等社活动中，书籍装帧在其影响下加强了对设计方法的综合运用，如把文献纪实法、分析法、表现主义法、概念归纳法等混合搭配，将文字信息与图像信息巧妙地编排在书籍中，将社会文明的发展准确、详细地记录在册，以供人们代代传承与发扬。

例如，《改变视野：现代印刷与前卫艺术》是一本 2014 年波兰 Sztuki 博物馆展览集，其记载了战争时期的艺术品以及它们在平面设计及排版设计的所带的影响，它综合运用了书籍装帧的文献纪实法对现代文学、历史文献、宣言做了时间线索的记载，用分析法阐述了二战前具有革新意义的艺术作品对当代平面设计及排版设计所带来的影响，用表现主义法将文字、图像、色彩通过视觉表现以传达设计师的意图，用概念归纳法按时间线索简明扼要地标记出博物馆发生的重要事件。

（2）经济效果

书籍的广泛应用可以促进文化交流，从而促进各国间的经济融合，这可归功于书籍装帧设计在新媒体艺术影响下所发生的演变，书籍装帧的尺寸逐渐演变为适合人们方便携带的尺寸以供读者阅读。当代书籍几乎不再采用大开本的尺寸进行设计，报纸的页面是将新闻信息全部展现在一个版面上，而小开本的书籍就像新媒体艺术中的"显示"与"隐藏"的关系。市面上大批量生产和畅销的书籍更加轻薄、精致且信息量充足，从而促进了书籍销售量的增加，这不仅带动了印刷业和书店的经济发展，同时从侧面体现了人们消费水平的提高和经济的繁荣发展。

（3）艺术效果

在新媒体艺术的影响下，书籍装帧的艺术效果更加丰富，如由土耳其设计师阿列姆雷多戈麦斯（Ali Emre Dogramaci）出版的一本具有建筑效果的《31.05.13》试听档案材料，记录了 2013 年 5 月在土耳其的伊斯坦布尔格子公园的抗议活动，并为这一进程做了纪念，这本书的重点是讲故事，它的目的是扩大纯印刷的局限性；又如以无墨环保的具有极简效果的《Noble

Development》2012 年度报告；再如由多册组成的一系列书籍装帧，这种装帧设计仿照多媒体艺术中的拼贴技巧，把多册书籍通过多种摆放形成造型，在不同角度看会有多种组合的造型关系，这就使有限的页面呈现了无限的阅读组合，读者可以选择适合自己阅读习惯的方式进行各种搭配。

（四）书籍装帧设计运用新媒体艺术的优势与弊端

书籍装帧设计运用新媒体艺术具有丰富书籍装帧形式、丰富阅读体验乐趣、适应读者需求等优势，同时也可能会带来过度包装、设计师需要解决装帧工艺复杂问题等弊端，因此只有合理运用新媒体艺术方可为读者带来前所未有的阅读体验。

1. 书籍装帧设计运用新媒体艺术的优势

（1）丰富书籍装帧形式

运用新媒体艺术的书籍装帧可以在更多材质、技术、工艺上进行尝试，如在书籍装帧中加入新媒体的电与光的设计元素。例如，由印尼设计师马克·古温（Max Gunawan）设计的《Lumion》，外表是书籍，翻阅时则是由 Led 灯制作的无字发光书。其采用折叠式装帧，配合集成技术，巧妙地将灯体折成一本尺寸为（22×8×3）cm 方便携带的书籍；书皮采用的是经 FSC 认证的木材，且具有粘合超强磁铁，使书灯可以 360 度自由灵活地变换造型，另外配备 USB 充电接口使其在满电下可持续 8 小时照明；灯罩（书芯）采用了 100％可回收的防水特卫强（高密度聚乙烯合成纸），发光的书芯为使用者带来了无穷无尽的想象空间和 DIY 空间，它的开启仿佛在诉说"书籍可以照亮智慧的心灵"。《Lumion》结合了书籍装帧的工艺和新媒体艺术的光、电技术，这使书籍装帧的表现形式更加丰富。

（2）丰富阅读体验乐趣

运用新媒体艺术的书籍装帧会给视觉和思想带来更多新鲜的感知，韩国设计师姜爱兰（Airan Kang）设计了《Lighting Books》，为书籍的包装做了一系列有趣的设计，在包装模型上采用透明树脂的材料，并在其内部安装能不断变换色彩的 Led 灯，当书籍全部亮起时会呈现五彩缤纷的效果。这种将传统与数字技术相结合的设计，不仅为阅读体验增加了互动性，同时为设计增加了趣味性，有利于读者的阅读与玩味。

（3）适应读者的需求

运用新媒体艺术的书籍装帧不仅可以为视觉带来新的体验，还可以为听觉、触觉带来更加丰富的体验，从而扩展书籍的受众群体，满足不同年龄段的市场需求。例如，由设计师梅勒妮乔伊斯（Melanie Joyce）设计的发光有声儿童绘本《Wish upon a star》，巧妙地把绘画、灯光、音乐结合在一起。书籍封面和内页镂空的星星形状里安装了一颗会发光的星星灯，当读者按下星星灯时书籍会播放柔和的音乐，这颗行星贯穿了整本故事书。这类发光有声的亲子读物深受家长和孩子的喜爱。

2. 书籍装帧设计运用新媒体艺术的弊端

（1）过度包装

人们在强调书籍装帧的设计要由表及里时，容易走入过度包装的误区。虽然书籍装帧的设计观念在不断地提升，但喧宾夺主的设计屡见不鲜，如买椟还珠的道理一样，过度包装会削减书籍内容的表现力。包装过度，一方面会导致阅读成本的提高、浪费资源，也易使读者厌腻；另一方面会导致书籍的滞销。而提倡内容与形式相匹配的书籍装帧才能恰到好处地展现书籍之美。

（2）工艺复杂的问题

书籍装帧在运用新媒体艺术的过程中，反复试验是其必经过程，对新技术和新材料的应用会使装帧工艺变得更加复杂。书籍装帧在常规下所采用的纸质材料相比新媒体艺术所应用的金属或塑料板等材质较柔软，若在书籍装帧中应用新媒体技术就要涉及保护电路板的设计，即采用硬质板材作为书籍装帧材料中的一部分，由于书籍的大小有一定的尺寸约束，因此设计师对电路的设计、材料的选择、细节的处理都需要精益求精，以保证书籍在应用新技术和新材料后仍便于读者的阅读及携带。

（五）书籍装帧融合新媒体艺术的发展趋势

当代人们的阅读方式已随着信息化的快速发展而发生改变，同时书籍装帧也越来越重视工艺、材料、造型、技术等多元素相融合的设计。然而，以往的书籍装帧设计已经不能满足更多读者在信息化时代下的需求。多媒体技术在科技的发展下日新月异，给书籍装帧带来了新鲜的活力，书籍装帧沿袭了传统媒介的优点以及融合现代网络技术的设计，将会迎来更大的发展空间。

1. 新媒体艺术与书籍装帧的技术融合

随着科学技术的进步，新媒体艺术使写作、设计、生产和书籍销售领域发生了革命性的变革，但是互联网并不能取代书籍的内在价值。当代许多新的书籍装帧融合了新媒体技术，除了应用新媒体中的声频与音频技术外，很多书籍中还配有二维码，即通过使用移动设备中的相关软件，利用二维码识别功能，就能在移动设备上呈现更为生动的图像、声频、音频，这些书籍中的新功能都促使设计师不断地学习新技能，即学习新媒体技术。另外，新媒体中能被电子设备存档并下载的书籍，也为书籍的销售起到了宣传的作用，并带来了更广阔的市场。

2. 新媒体艺术与书籍装帧的设计展望

新媒体艺术与书籍装帧的设计是设计师、新媒体技术师、印刷工艺师、出版社共同完成的创意设计。书籍装帧在新媒体艺术的影响下会成为造型和内容相结合的结构体，即结合美观、实用、便捷、易读、科学为一体的设计。新媒体艺术与书籍装帧相结合的设计会使阅读体验增加更多的主动性，读者可以自主选择多媒体或纸媒介的阅读方式，不再局限于尺寸有限的屏幕或书本，未来的书籍装帧可能会融合更多的新媒体技术，比如书籍的内容可投影到更多的空间。未来的书籍不仅可以"看得见，摸得着"还能"听得见，找得着"，人们在图书馆通过电脑搜索书名，通过定位功能就可以快速找到书籍的位置。虽然有些目前还是设想，但随着科技的发展，这些设想很有可能变成现实。

三、书籍装帧艺术的未来发展

在数字媒体的猛烈冲击下，传统书籍装帧艺术的存在空间正在潜移默化地发生改变。但书籍装帧设计的精神实质不会改变，只是低品质的书将会淡出历史舞台，取而代之的是具备"美"的高品质装帧设计。书籍装帧艺术将迎来一个装帧设计之春。

（一）书籍装帧艺术的时代特征

纸质书籍从古至今采用的装帧技术只有不断地创新，跟上科技的脚步，实现现代化，才能维持书籍基于同样的形态不改变。在多元传播文化的冲击下，信息环境正在改变，以后不断出现的书籍形式应该有自己独特的模式，不再束缚于原始的模式中，应以读者需求作为根本设计理念，再次开拓新的形式。

面对数码信息技术的强烈冲击、读屏时代的降临，电子书具备了传统纸质书籍传播知识的基本功能，书籍装帧艺术要重新自我审视、自我定位，以美学为基础，从色彩、版式、内容等多方面强调书籍装帧完整性。在进行书籍设计时，设计师除了要对书籍封面和版式进行设计外，还需要考虑以下内容：根据书籍内容、版式选择合适的开本，书籍所涉及的图像的处理形式，书籍内文字的字体、字号的运用，书籍所采用的印刷方式和装订方式等。书籍装帧艺术在设计概念上已向书籍整体设计转变。

在传承与发展的多元化发展的背景下，书籍装帧艺术作为一门独立的艺术门类，随着设计水平和印刷工艺的发展在不断提高。设计师不能只追求书籍外表的华丽。在书籍装帧设计中，书籍信息传递是理性的，并不存在情感化因素。随着文化的发展，人们的审美不断提高，在信息高速发展的时代，书籍依旧作为知识和文化的承载体，仍然以为服务读者为设计宗旨，所以书籍装帧艺术必须前行，设计者需赋予书籍"五感"，形成人与书的互动，如此才能与时代共同进退。

如今的书籍装帧设计理念不断突破，总体趋势是在人性化设计和整体书籍设计的思想追求下，讲究内容和设计的高度协调，注重应用新工艺和新材料，注重读者的感受，坚持对传统文化的继承与发扬，力求"以人为本"。而面对"以人为本"的设计理念，阅读不再只是单方面将书籍的内容传送给读者。

读者在选择读某一本书开始，情感化阅读便已开始，书籍装帧艺术将理性与感性相结合，因此设计师不能单独考虑单一的元素，要综合影响读者阅读的各方面元素，如材料、色相、图像等，利用印刷工艺、装帧材料和装帧手法等将书籍赋予情感，以书为载体，引发艺术上的共鸣，使阅读者在潜移默化中感受书籍所带来的酸甜苦辣咸。书籍装帧设计不再只是认知行为，更是人性化设计时代特色的重要表现形式，书籍装帧艺术在信息时代正式步入交互书籍设计时代。

面对信息时代和新媒体，书籍的设计载体在变化，但书籍装帧艺术的本质并未发生变化，书籍装帧设计师把握住时代感的同时，要将传统与现代、东方与西方的有机融合。可以说书籍装帧设计是传播功能与艺术文化结合、装帧材料与印刷工艺结合、创新思维与民族精神结合。

（二）当代书籍装帧设计师的历史使命

当下随着互联网的迅速发展以及信息时代下新媒介的产生，书籍装帧艺术面临着巨大变革，这种变革体现在人们的阅读方式、人们获得信息的渠道。随着电子书的出现并逐渐充斥着人们的生活，专职书籍装帧设计师、世界出版行业面临巨大挑战，书籍装帧设计师该做的是去迎合、接受，把挑战变成机遇，对书籍装帧艺术进行新的探索，寻求突破，敢于探索未能发现的领域，为书籍装帧艺术提供更多的可能性。未来存在多元化的可能性，设计师不再只单单对书籍设计，因此每一位设计师应具备多方面的知识储备，学会利用技术的发展，站在科技的肩膀上前行。与此同时，书籍装帧设计师重新被赋予新的使命，时代要求书籍装帧设计师们不但需要具备书籍装帧设计的基本理念，还要具有独立的市场经济观念、独特的装帧艺术品位，从而健康、合理地引导书籍装帧设计的未来发展方向，将传统书籍装帧艺术更好的传承、发展下去。

　　随着人们生活水平的提高，人们的审美标准变得多元化，为满足大众的审美需求，当代书籍装帧设计师需要对书籍装帧艺术进行深入研究，以提高自己的专业能力，并且不断地进行学习，学习新的书籍装帧知识，全面掌握印刷工艺、装帧材料的使用，同时还要学习科学技术，学会将科学技术运用在书籍装帧的工作中，立足与传统文化，汲取外来文化，着重书籍装帧设计艺术、工学、美学的结合，也可以试着探索、发现书籍装帧艺术中新的元素。

　　书籍装帧设计是一个不断积累经验的过程，书籍装帧设计师在积累经验的过程中要特别注意印刷工艺的特有属性的运用、归纳和总结，一个好的、优秀的书籍装帧设计不仅要做到一个完整的设计，还要保证其在印刷过程中、印刷成品后与设计稿的内容或设计稿要达到的基本要求保持一致。印刷材质、印刷方式的不同可能会导致实际的出版物与设计稿的内容有偏差，因此需要设计师准确地把握印刷的工艺知识。书籍装帧设计师单凭感性的艺术感觉还不够，还要相应的运用人类工学概念去完善和补充，像一位建筑师那样去调动创造工具有感染力的书籍形态的一切有效要素，来完成设计的增值工程。

　　纸质书籍的出版离不开纸质的材料，不同的纸质材料带给读者的视觉、感觉是不同的，当代书籍装帧设计师们不仅要合理地对纸张进行选材，还需要从保护环境的角度巧妙构思，节约经济成本，大胆运用新型的材料，这样可能会达到意想不到的效果。

　　当今时代，作为一个优秀的书籍装帧设计师在书籍设计过程中需要明确自己的责任，书籍是作为媒介进行信息的传播的，它既是文化传播者，也是文化传承的标志，做好文化传承是每一位设计师需要具备的社会责任感，这需要设计师有很深的文化内涵，能够有效结合书籍装帧艺术与新科技新工艺（无论是其内在意义还是外形设计的发展过程），并赋予书籍以情感，使读者感受到书籍所传达出的情绪，给阅读者身临其境、心旷神怡的感受，达到与书进行互动式交流的目的。

　　现如今，我们需要保护和传承世界文化遗产（物质和非物质）。现今由于科学技术在很大程度上改变了人们生产、生活的方式，原有的一些民间传统艺术与技术已逐渐被科学技术所替代，一些民间艺术和技术由于耗费了大量的时间，在一定程度上因为不能满足生产的需要、创造不了较大的经济价值、不能满足正常的补给而面临失传的危机。传统书籍的装订手法也在随着时代的变迁面临失传的危险，而书籍是文化的传承与传播的重要载体。在国际化的趋势下，书籍装帧设计师应立足于本土文化，将传统文化进行传承，做到古为今用，设计从内容本身出发，在设计过程中考虑书籍适用范围、受用范围，提高设计内容的特色、概括其中心思想等。

同时我们需要强调的是，书籍设计的传承不是拒绝优秀的外来文化，艺术是没有国界的，但艺术文化的精神、艺术文化的内容不能因为外来因素的影响而被改变甚至被淹没，设计师需要做的是在吸收和融合外来文化的过程中，将书籍装帧文化进行传承、传播。

面对时代赋予的书籍装帧艺术的历史使命，每个人都要明确自己肩负的责任和应该坚守的职责。出版人更应如此，必须时刻谨记自己在文化传播中的角色意义，真正地为人类文化的传承发扬作出自己的贡献。

参考文献

[1] 刘杨，袁家宁．现代插画与书籍装帧设计 [M]．沈阳：辽宁科学技术出版社，
    2010.

[2] 李慧媛，等．书籍装帧设计 [M]．北京：中国民族摄影艺术出版社，2011.

[3] 时璇．视觉：中国近现代平面设计发展研究 [M]．北京：文化艺术出版社，
    2011.

[4] 王玉敏，孟卫东．书籍装帧 [M]．合肥：安徽美术出版社，2012.

[5] 郑翠仙．书籍装帧设计 [M]．武汉：华中科技大学出版社，2013.

[6] 刘文庆，陈端，王诗彦．书籍装帧设计 [M]．西安：西安交通大学出版社，
    2013.

[7] 肖巍，杨珊珊．书籍装帧设计 [M]．武汉：武汉大学出版社，2013.

[8] 张婷，许志强，许嵩．书籍设计 [M]．武汉：武汉理工大学出版社，
    2014.

[9] 马子敬，吴星辉．书籍设计 [M]．青岛：中国海洋大学出版社，2014.

[10] 章慧珍，周成．书籍设计 [M]．武汉：华中师范大学出版社，2014.

[11] 李迪．装帧设计 [M]．北京：北京交通大学出版社，2015.

[12] 蔡颖君，乔磊，刘佳．书籍装帧设计 [M]．北京：中国轻工业出版社，
    2015.

[13] 肖勇，肖静．书籍装帧 [M]．沈阳：辽宁美术出版社，2015.

[14] 曹琳．书籍装帧创意与设计 [M]．武汉：武汉理工大学出版社，2015.

[15] 姜靓．书籍装帧设计 [M]．北京：中国轻工业出版社，2015.

[16] 北京迪赛纳图书有限公司．书妆：书籍装帧设计 [M]．武汉：华中科技大
    学出版社，2015.

[17] 隋元鹏，高蓬．书籍设计 [M]．武汉：武汉大学出版社，2016.

[18] 王禹，范娟．书籍装帧设计 [M]．南昌：江西美术出版社，2016.

[19] 夏燕靖．中国艺术设计史 [M]．2 版南京：南京师范大学出版社，
    2016.

[20] 孙尔，沈雁冬．图形创意 [M]．沈阳：辽宁美术出版社，2016.

[21] 许兵．书籍装帧设计与实训 [M]．沈阳：辽宁美术出版社，2017.

[22] 肖丽．图形图像符号创意研究 [M]．长春：吉林美术出版社，2017.

[23] 尚丽娜，钟尚联．书籍装帧设计 [M]．哈尔滨：哈尔滨工程大学出版社，2017.

[24] 刘娟绫．装帧之道 [M]．合肥：合肥工业大学出版社，2017.

[25] 郑军．历代书籍形态之美 [M]．济南：山东画报出版社，2017.

[26] 李慧媛，等．书籍装帧设计 [M]．北京：中国轻工业出版社，2018.

[27] 宋珊．书籍设计 [M]．重庆：重庆大学出版社，2018.

[28] 章瑾，陆海娜，柯文坚．书籍装帧设计 [M]．武汉：华中科技大学出版社，2019.

[29] 张莉．书籍装帧创意与设计 [M]．武汉：华中科技大学出版社，2019.

[30] 杨朝辉，周倩倩，刘露婷．书籍装帧创意与设计 [M]．北京：化学工业出版社，2020.

[31] 王丽美，王志强．探析书籍装帧的版式设计风格 [J]．现代装饰（理论），2014（10）：15.

[32] 张慧兰．浅谈书籍装帧与版式设计 [J]．科技创业月刊，2015，28（08）：94-95.

[33] 陈家俊，赵梦吉．艺术作品集的装帧设计：绘画与设计作品书籍装帧的版式研究 [J]．明日风尚，2017（24）：72.

[34] 刘从蓉．关于书籍装帧版式设计的一点思考 [J]．计算机产品与流通，2017（07）：279-280.

[35] 李芊芊．版式设计在书籍装帧中的应用 [J]．风景名胜，2018（11）：150.

[36] 侣冬梅．书籍装帧的创意设计与应用 [J]．美术文献，2019（05）：126-127.